WERKSTATTBÜCHER

FÜR BETRIEBSFACHLEUTE, KONSTRUKTEURE UND STUDIERENDE
HERAUSGEBER DR.-ING. H. HAAKE, HAMBURG
HEFT 74

Praktische Regeln für den Elektroschweißer

Anleitungen und Winke aus der Praxis für die Praxis

Von

Ing. Rudolf Hesse †

Wien

Vierte verbesserte Auflage
(19. bis 24. Tausend)

Mit 137 Abbildungen

Springer-Verlag
Berlin / Göttingen / Heidelberg
1958

ISBN-13: 978-3-540-02350-0   e-ISBN-13: 978-3-642-99865-2
DOI: 10.1007/978-3-642-99865-2

Inhaltsverzeichnis

Vorwort

RUDOLF HESSE, der Verfasser der ersten drei, 1939, 1943 und 1949 erschienenen Auflagen dieses Buches, ist am 25. 7. 1956 gestorben. Für die vierte Auflage hatte er schon manches vorgearbeitet, hinterließ aber nur den Entwurf für das Manuskript. Deshalb übernahm der Herausgeber die Aufgabe, die noch bestehenden Lücken zu schließen und alles gründlich zu überarbeiten, zumal die neuere Entwicklung des Lichtbogenschweißens Ergänzungen und Verbesserungen notwendig machte. So wurden das Schutzgasschweißen und die neuen DIN-Normen über Bezeichnungen und Sinnbilder für die Schweißnähte und über Schweißelektroden, ferner das Schweißen der Nichteisenmetalle und das elektrische Schneiden sowie die aus dem Leserkreise stammenden Anregungen und sonstige Erfahrungen berücksichtigt. Herrn E. KRAEMER, Hamburg, dankt der Herausgeber für verschiedene Verbesserungsvorschläge und seine freundliche Hilfe bei Durchsicht der Korrektur.

Das Buch wendet sich, wie in den früheren Auflagen, in erster Linie an alle jene, die das Schweißen mit dem elektrischen Lichtbogen erlernen wollen. Dafür soll es die wichtigsten grundlegenden Kenntnisse und Erfahrungen in allgemeinverständlicher Form vermitteln, zur Festigung und Vertiefung des Wissens, das sich der Elektroschweißer in Grundkursen und Fortgeschrittenen-Kursen unter Anleitung erfahrener Lehrschweißer aneignet. Vielleicht kann dieses Büchlein auch in der Hand des Lehrschweißers Nutzen bringen oder auch dem Studierenden und dem Betriebsmann Anregungen geben.

Sein Stoff ist auf die Praxis des Lichtbogen-Handschweißens beschränkt. Einrichtungen für die Stromerzeugung, für das automatische Schweißen, das elektrische Widerstandsschweißen usw. werden in anderen Werkstattbüchern behandelt, die im Schrifttum am Schluß des Buches angegeben sind.

I. Grundlagen des Lichtbogenschweißens

A. Die Lichtbogenschweißverfahren

Das Lichtbogenschweißen ist ein Schmelzschweißen, d. h. im Gegensatz zum Löten und zum Preßschweißen werden die zu verbindenden Werkstoffkanten flüssig und bilden zusammen mit dem Zusatzwerkstoff ein Schmelzbad, das dann zur Schweißnaht erstarrt. Als Wärmequelle dient beim Lichtbogenschweißen der

elektrische Lichtbogen mit seiner Temperatur zwischen 3500 und 4000° C. Diese Temperatur liegt wesentlich höher als die der Azetylen-Sauerstoff-Flamme. Der Schweißvorgang spielt sich daher schneller ab und es fließt weniger Wärme in das Werkstück, so daß dieses geringere Wärmedehnungen und Verformungen erleidet (s. Abschn. 12).

1. Die Schweißverfahren mit offenem Lichtbogen und unter Schutzgas gehen zurück auf das Kohlelichtbogenverfahren von BENARDOS - OLCZEWSKI (1887, Abb.1) und das Verfahren mit ab-

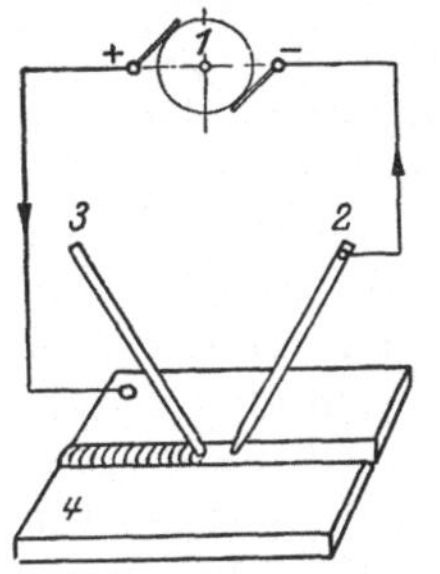

Abb. 1. BENARDOS-Verfahren. *1* = Schweißdynamo, *2* = Kohleelektrode, *3* = Zusatzstab, *4* = Werkstück

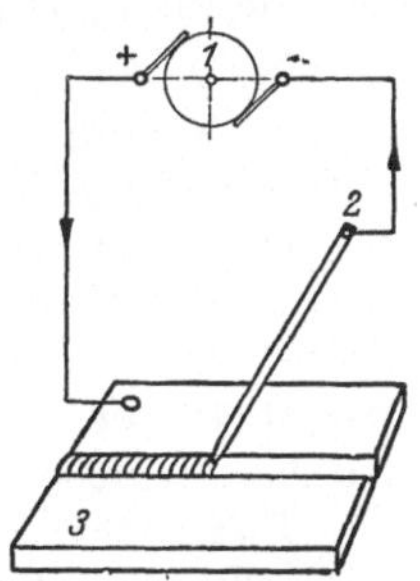

Abb. 2. SLAVIANOFF-Verfahren. *1* = Schweißdynamo, *2* = abschmelzende Metallelektrode, *3* = Werkstück

schmelzender Metallelektrode von SLAVIANOFF (1890, Abb. 2). An Stelle des Kohlelichtbogens wird als Wärmequelle auch ein Lichtbogen verwendet, der zwischen zwei

Wolframelektroden (ZERENER, 1889) oder zwischen einer Wolframelektrode und dem Werkstück gebildet wird. Wolframelektroden (Abschn. 20) erfordern Zuführung von Schutzgas zur Schweißstelle. Das Verfahren von SLAVIANOFF ist vervollkommnet worden durch die Entwicklung der umhüllten Elektroden, außerdem durch das Schutzgasschweißen mit abschmelzender Elektrode. ·

Was ist Schutzgas? Viele Metalle nehmen im flüssigen Zustande aus der Luft Sauerstoff und Stickstoff auf. Mit dem Sauerstoff bildet sich das Metalloxyd (z. B. mit Eisen, Kupfer, Leichtmetall), das die guten Eigenschaften des Metalles herabsetzt, während Stickstoff z. B. bei Stahl eine Versprödung hervorruft. Deshalb muß die Luft von der flüssigen Schweiße ferngehalten werden. Das geschieht beim Schweißen mit *umhüllten* Elektroden durch die Schlacke und Gase, die aus der Umhüllung entstehen. Die Schlacke hüllt die abschmelzenden Metalltröpfchen ein und bedeckt die Schweiße; die Gase schützen die ganze Schweißstelle vor dem Luftzutritt und erfüllen noch eine weitere Aufgabe: sie werden durch den Lichtbogen *ionisiert*, so daß der Raum zwischen Elektrode und Werkstück vom Lichtbogen leichter überbrückt werden kann. Der Lichtbogen steht besser, er wird „stabilisiert", ist leichter zu halten. Dadurch wird es auch möglich, mit Wechselstrom zu schweißen. Diese schützende und ionisierende Wirkung übernimmt beim Schutzgasschweißen das Schutzgas; man schweißt hier mit *nackten* Elektroden.

Als *Schutzgase* benutzte man zuerst brennbare Gase (Methanol, Wasserstoff), die eine reduzierende, d. h. Sauerstoff entziehende Wirkung auf die Metalloxyde haben. Das mit Wasserstoff arbeitende „Arcatomverfahren" nach LANGMUIR (USA, 1925), das einen Lichtbogen zwischen zwei Wolframelektroden als Wärmequelle verwendet und infolge atomarer Umwandlungen des Wasserstoffs eine Temperatur von 4000° C erzeugt, wurde von der AEG erfolgversprechend entwickelt, hat sich aber doch nicht in dem erhofften Maße einführen können. Auch eine Vereinigung von Lichtbogen und Gasflamme (Arcogenverfahren, 1930) brachte nicht den gewünschten Erfolg. Dieser ergab sich erst bei Verwendung der „inerten", d. h. trägen, untätigen, also neutralen Edelgase *Helium* und *Argon* (1940 in USA). In USA werden beide Gase, in Europa nur Argon verwendet. Es wird aus der Luft gewonnen, in der es mit 0,92% vorkommt, und in Stahlflaschen unter 150 bis 200 atü geliefert. Zum Gebrauch wird auf ungefähr 1,4 atü entspannt.

Der *Wolframlichtbogen* wird durch *reines Argon* geschützt. Es wird berichtet, daß Kupfer, Blei, Zink und Zinn auch unter *Stickstoff* mit dem Wolframlichtbogen geschweißt werden können [*2*][1].

Beim Schweißen unlegierter Stähle mit *abschmelzender Elektrode* wird dem Argon rd. 3% Sauerstoff zugesetzt. Dadurch wird eine Art Sprühwirkung und ein feintropfiger Materialübergang, gutes Fließvermögen und Ausgasen der Schweiße erzielt. Bei rostfreien Stählen setzt man dem Argon nur 1% Sauerstoff, dazu etwas Wasserstoff zu. Man bezieht die Schutzgase unter Angabe des Verwendungszweckes fertig zum Gebrauch.

Beim Schweißen von *Stahl* mit abschmelzender Elektrode kann man auch die billige *Kohlensäure* (CO_2) statt Argon als Schutzgas verwenden [*3*], weil CO_2 gegenüber der Stahlschweiße neutral bleibt. Nur aus dem Elektrodenwerkstoff brennt der aus dem CO_2 sich abspaltende Sauerstoff einen Teil des Gehaltes an Kohlenstoff, Mangan und Silizium heraus, etwas mehr als der dem Argon zum Stahlschweißen zugesetzte Sauerstoff. Die Elektroden müssen daher zum Ausgleich dieser Verluste besonders zusammengesetzt sein.

Man kann heute für das *Lichtbogen-Handschweißen* vier Verfahren unterscheiden[2]:

a) Das *Kohlelichtbogenschweißen* in der ursprünglichen Form von BENARDOS oder mit zwei schrägstehenden Kohleelektroden an Wechselstrom. Dabei strahlt der Lichtbogen seine Wärme auf die Schweißnaht und man schweißt ähnlich wie mit der Gasflamme, beim Bördelschweißen und bei dünnen Blechen ohne, sonst mit besonderem Zusatzdraht. Zum Verbindungsschweißen dünner Bleche, ferner für legierte Stähle und Leichtmetalle hat sich der Kohlelichtbogen mit Blasmagnet (Abschn. 48) bewährt, wird aber durch die Verfahren c) und d) verdrängt.

b) Das *Lichtbogenschweißen mit abschmelzender nackter oder umhüllter Elektrode*, kurz „*Elektrodenschweißen*"; es ist für den Elektroschweißer das wichtigste Verfahren, als Grundlage des Lichtbogenschweißens überhaupt. Über den Zweck der

---

[1] Die Zahlen in eckiger Klammer verweisen auf das Schrifttum S. 65.

[2] Vgl. DIN 1910 Bl. 2: Schweißverfahren für Metalle. – Die Einteilung ist dort systematisch. Für dieses Buch erscheint die Einteilung unter a) bis d) mit den verwendeten praktisch üblichen Bezeichnungen zweckmäßig. Das „atomare Lichtbogenschweißen" (s. o. „Arcatomverfahren") wird hier nicht weiter behandelt (vgl. Abschn. 42).

Elektrodenumhüllung wurde schon oben unter „Schutzgas" gesprochen. Weitere Angaben s. Abschn. 21, 22 und bei den Anwendungen des Lichtbogenschweißens.

c) Das *Wolframlichtbogenschweißen unter Argon (Argonarcschweißen[1] oder Wolfram-Inert-(WI-)Schweißen)*. Der Elektrodenhalter, der auch die Schlauchanschlüsse und die Argondüse enthält, ist als Schweißpistole ausgebildet (Abb. 3a und b). Die Wolframelektrode wird mit Wasser, bei manchen Geräten auch mit Luft gekühlt. Man kann mit und ohne Zusatzdraht schweißen und ganz ähnlich wie beim Gasschmelzschweißen den Zusatzdraht mit der linken Hand zuführen. Wegen der hohen Abschmelzleistung wird der Draht meist maschinell von einem mit verstellbarer Geschwindigkeit arbeitenden Vorschubapparat zugeführt. Sämtliche Stähle, Grauguß, Auftraglegierungen und Kupfer werden mit Gleichstrom, Wolframelektrode am Minuspol, geschweißt. Bei den Leichtmetallen wäre der Anschluß am Pluspol günstig, weil dann der Lichtbogen die Oxydhaut (Abschn. 59) durchschlagen würde, aber dabei wird die Elektrode zu heiß (vgl. Abschn.19), sie müßte dicker sein und stärker gekühlt werden. Deshalb verwendet man diese Schaltung nur für Magnesiumlegierungen bis 1,5 mm Dicke und schweißt die übrigen Leichtmetalle sowie Messing und Bronze unter Zuschaltung eines HF-Gerätes (Abschn. 5) mit Wechselstrom.

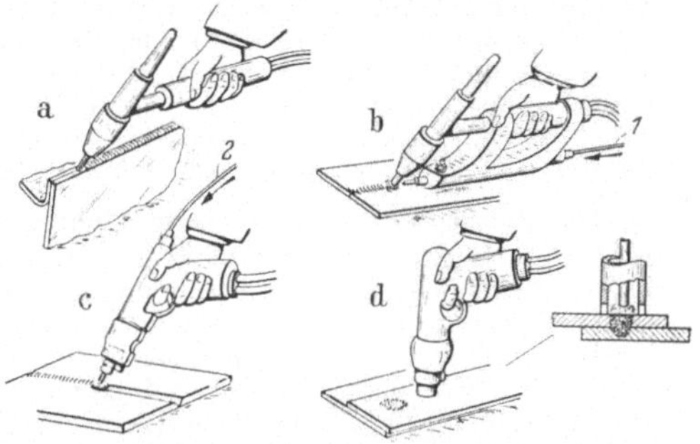

Abb. 3. Schutzgasschweißverfahren. *a* = WI-Bördelschweißen, *b* = WI-Schweißen mit selbsttätigem Zusatzdrahtvorschub, *c* = MI-Schweißen mit selbsttätigem Zusatzdrahtvorschub, *d* = WI-Punktschweißen nebst Schnitt, *1* und *2* = Zusatzdraht, von besonderem Vorschubgerät zugefuhrt. Nach O. GENGENBACH
Anmerkung: Beim WI-Schweißen mit der Schweißpistole *a* kann auch ein Zusatzdraht von Hand zugefuhrt werden

Eine besondere Anwendung findet der Wolframlichtbogen zum *Punktschweißen* (Abb. 3d). Dabei wird die besonders gestaltete Düse der Pistole auf das Deckblech aufgesetzt. So können Bleche aus Kupfer oder Nickel bis 1,2 mm, Messing bis 1,5 mm, Tiefziehblech bis 2 mm und rostfreie Stähle bis 2,5 mm, unter Umständen auch Leichtmetalle verbunden werden.

d) Das *Lichtbogenschweißen mit abschmelzender Elektrode unter Schutzgas (Sigmaschweißen[2] oder Metall-Inert-(MI-)Schweißen*, seit 1948 bekannt, und *CO_2-Elektrodenschweißen)*. Die Schweißpistole führt das Schutzgas und den Schweißdraht zu (Abb. 3c). Der Draht hat auch beim Handschweißen stets maschinellen Vorschub. Dieser wird eingestellt, er setzt dann sofort nach Zünden des Lichtbogens ein und bleibt gleich. Die Stromdichte im Schweißdraht ist das 6- bis 12fache gegenüber dem Elektrodenschweißen, die Abschmelzmenge und die Vorschubgeschwindigkeit sehr hoch. Die Pistole hat oft Wasserkühlung, damit die Spritzer nicht daran haften. Die Stromquelle (Umformer oder Gleichrichter, Abschn. 4) muß eine waagerechte oder etwas steigende Kennlinie haben, da mit gleichbleibender Spannung geschweißt wird. Die Stromstärke und Abschmelzgeschwindigkeit richten sich nach der Lichtbogenlänge, die der Schweißer hält. Bei vollautomatischen Geräten wird der Drahtvorschub in Abhängigkeit von der Lichtbogenspannung, die sich mit der Lichtbogenlänge ändert, mit Hilfe von Röhrenverstärkern gesteuert [4]. Zur Erhöhung der Leistung wird in manchen Fällen ein zweiter Draht zugeführt, der unter der strahlenden Wärme des Lichtbogens zusätzlich abschmilzt.

Schweißbar sind mit dem Metall-Inert-Verfahren dieselben Werkstoffe wie mit dem Wolfram-Inert-Verfahren. Dabei gilt die Regel, daß das WI-Schweißen vorzugsweise

---

[1] arc ist englisch und stammt vom lat. arcus = Bogen.
[2] Abkürzung von **S**hieldet-**I**nert-**G**as-**M**etal-**A**rc (shieldet = geschützt).

für die kleineren Blechdicken bis etwa 4 oder 6 mm, das MI-Schweißen für die Blechdicken von etwa 3 mm an aufwärts verwendet wird.

Die Schutzgasschweißverfahren haben den Vorteil, daß stets nackte Elektroden verschweißt werden können und auch bei den Nichteisenmetallen, mit alleiniger Ausnahme von Kupfer über 5 mm Dicke, Flußmittel entbehrlich sind. Dazu kommen die außerordentlich hohen Schweißleistungen.

Anmerkung: Seiner Bedeutung wegen sei noch ein *automatisches* Verfahren mit offenem Lichtbogen erwähnt, das in England entwickelte „*Fusarc-Schweißen*" mit *Netzmantelelektrode* (engl. Mesh Wound Continuous Elektrode). Bei Automaten zum Verschweißen umhüllter Elektroden ist der Elektrodenwechsel schwierig [5]. Die Umhüllungsmasse der Netzmantelelektrode ist in ein Drahtnetz eingebettet, das einerseits metallische Berührung mit dem Kerndraht hat, andererseits auch metallisch an die Oberfläche tritt, so daß der Strom durch das Drahtnetz hindurch dicht an der Schweißstelle, wie bei einem nackten Draht, zugeführt werden kann. Dieser Netzmantelschweißdraht läßt sich biegen und in größeren Längen aufhaspeln, ohne daß die durch das Drahtnetz gehaltene Umhüllungsmasse abbröckelt [6].

2. Das Schweißen mit verdecktem Lichtbogen erfolgt *nur automatisch:*

a) Beim ELIN-HAFERGUT-Verfahren (*Unterschienenschweißen* = US-Schweißen) wird ein dick umhüllter Schweißdraht von der Länge der Schweißnaht mit einem Ende an die eine, das Werkstück an die andere Stromklemme angeschlossen, der Schweißdraht in die Schweißfuge gelegt, mit einer passenden Kupferschiene abgedeckt und dann am freien Ende durch Berühren von Schweißdraht und Werkstück mit einem Kohlenstab oder ähnlich gezündet. Die Elektrode brennt nun bei völlig abgedecktem Lichtbogen über die ganze Länge ab. So können Stumpf-, Überlapp- und Kehlnähte bis zu 12 m Länge mit aneinandergelegten Elektroden von je 2 m Einzellänge auf einmal geschweißt werden [5].

b) Das *Unterpulverschweißen*[1] (UP-Schweißen), ist in den USA seit 1930 bekannt [5]. Längs der Schweißnaht fährt ein Schweißkopf, durch den der nackte Schweißdraht selbsttätig zugeführt und Schweißpulver aus einem Behälter auf die Schweißstelle geleitet wird, so daß sie völlig bedeckt und der Lichtbogen unsichtbar wird. Die Hauptmenge des Schweißpulvers schmilzt zu einer dünnflüssigen Schlacke, die über der Schweißraupe liegt und diese nach dem Erstarren vor schneller Abkühlung schützt. Die Schlacke ist nachher leicht abzuheben, das nicht geschmolzene Schweißpulver kann wieder verwendet werden. So schweißt man z. B. Längsnähte an Rohren von 2 mm Wandstärke an, ferner Stahlbehälter, Kesseltrommeln, Stahlbau-, Maschinenbau- und Schiffbauteile, so weit sie in Werkstätten oder doch unter Windschutz, weil der Wind das Pulver verwehen würde, geschweißt werden können. Schwerer zugängliche Stellen schweißt man mit einem Gerät, bei dem der Schweißdraht in einem rüsselartigen Rohr *von Hand* geführt und das Schweißpulver von Hand oder aus einem Behälter zugeleitet wird. Damit kann sogar senkrecht geschweißt werden [7].

B. Schweißanlage — Schweißplatz

Zum Schweißen muß der aus einem allgemeinen Stromnetz zu entnehmende Strom (meistens Drehstrom) in den geeigneten Schweißstrom umgewandelt werden. In der Regel sind die Schweißanlagen sehr ungleichförmig belastet und ergeben, zumal bei Verwendung von Schweißtrafos, einen ungünstigen Leistungsfaktor. Dieser kann durch Einbau von Kondensatoren in hohem Maße ausgeglichen werden. — Zunächst seien einige wichtige Begriffe erläutert.

3. Strom — Spannung — Kurzschluß. Die Begriffe *Strom* und *Spannung* kann man am einfachsten mit der fließenden Wassermenge und dem Druckunterschied am Anfang und Ende in einem Wasserrohr vergleichen. Je größer der Druckunterschied, desto größer bei gleichbleibendem Rohr die durchfließende Wassermenge. Je enger nun aber das Rohr, um so größeren Widerstand findet das fließende Wasser und um so weniger fließt durch. Durch Erhöhung des Druckes kann man die durchfließende Wassermenge vergrößern.

Den Begriff *Widerstand* hat man in gleicher Weise auch beim elektrischen Strom. Je dünner oder länger der Leitungsdraht, um so größer ist der elektrische Leitungswiderstand, der außerdem noch bei verschiedenen Metallen verschieden ist. So z. B. leitet Kupfer besser als Aluminium, dieses wieder besser als Eisen; einer Kupferleitung mit einem Querschnitt von 35 mm² würde bei gleicher Länge eine Leitung aus Aluminium mit rd. 57 mm² und aus Eisen mit rd. 200 mm² entsprechen.

Bei gleichem Widerstand wird die Stromstärke größer, wenn die Spannung größer wird; sie wird kleiner, wenn bei gleicher Spannung der Widerstand zunimmt, und umgekehrt. Diesen Zusammenhang zwischen Stromstärke, Spannung und Widerstand faßt das *Ohmsche Gesetz* zu folgendem Ausdruck zusammen: „Stromstärke gleich Spannung durch Widerstand" oder „Spannung gleich Stromstärke mal Widerstand". Die Stromstärke wird gemessen in Ampere (abgekürzt A), die Spannung in Volt (V) und der Widerstand in Ohm (Ω = griech. O).

Man bezeichnet den nur in einer Richtung, nämlich vom positiven zum negativen Pol fließenden Strom als *Gleichstrom*, den dauernd seine Richtung wechselnden Strom als *Wechselstrom*, zumeist 50 Perioden, das sind volle, also doppelte Wechsel in der Sekunde (s. Abschn. 5c). Bei Wechselstrom kann man einen positiven und negativen Pol demgemäß nicht unterscheiden.

Ein *Kurzschluß* tritt auf, sobald sich die beiden von der Stromquelle kommenden Leitungen unmittelbar berühren, beim Schweißen also, wenn die Elektrode das Werkstück berührt. Bei einer gewöhnlichen Licht- und Kraftanlage würde ein Kurzschluß durch die entstehende hohe Stromstärke die Leitung oder gar den Stromerzeuger beschädigen, wenn nicht Sicherungen vorgesehen wären, die bei einer gewissen Stromstärke die Leitung abschalten. Die Schweißstromerzeuger sind so eingerichtet, daß das Anwachsen der Stromstärke auf ein zulässiges Maß begrenzt ist und Sicherungen im Schweißstromkreis nicht nötig sind.

Der *Schweißvorgang* besteht aus einer sehr schnellen Folge von betriebsmäßig auftretenden Kurzschlüssen. Bei jedem Kurzschluß geht flüssiges Metall von der Elektrode auf das Werkstück über.

4. Gleichstrom zum Schweißen wird mit Umformern oder Gleichrichtern erzeugt, ausnahmsweise durch Schweißdynamos, die von Verbrennungsmotoren angetrieben sind, aber dieselben schweißtechnischen Eigenschaften haben wie die Umformer.

a) Ein *Umformer* besteht aus einem Elektromotor, der an das allgemeine Stromnetz angeschlossen wird, und einem von ihm angetriebenen Generator (Schweißdynamo). Meistens sind beide zu einer Maschine vereinigt (Eingehäuseumformer). Grundsätzlich verschieden sind die Umformer, die nur eine Schweißstelle mit Strom versorgen, von den sogenannten Mehrstellenanlagen.

Umformer für *einen* Arbeitsplatz zum *Elektrodenschweißen* sind so gebaut, daß ihre Spannung bei Leerlauf am höchsten ist und bei zunehmender Stromstärke immer kleiner wird, bis sie bei einer gewissen Höchststromstärke auf Null geht (*fallende* Spannungscharakteristik oder -kennlinie). Dieser Höchststrom ist der Kurzschlußstrom, der entsteht, wenn man zum Zünden des Lichtbogens das Werkstück mit der Elektrode berührt. Er wird beim Ziehen des Lichtbogens sofort kleiner und soll sich dann ohne Verzögerung (Trägheit) auf die Schweißstromstärke und die zugehörige Schweißspannung einstellen. Würde man mehrere Schweißstellen an einen solchen Umformer anschließen, so würden sie sich gegenseitig stören.

Beim *Wolfram-Inert-Schweißen* braucht man dieselben Umformer. Man versieht sie öfter zusätzlich mit einem sogenannten „Kraterfüller", einer Schalteinrichtung, durch die der Strom beim Ausschalten allmählich schwächer wird, so daß man das Schweißbad noch füllen und den rißempfindlichen Endkrater vermeiden kann.

Mehrstellenanlagen erzeugen eine gleichbleibende Spannung in der Höhe der Leerlaufspannung. An jedem Schweißplatz befindet sich dann ein *Regelwiderstand*, mit dem man die Spannung auf die Schweißspannung herabmindert und so die Schweißstromstärke einstellt. Trotz der Verluste in den Regelwiderständen ist eine Mehrstellenanlage wirtschaftlicher als mehrere Einzelumformer.

Für das *Metall-Inert-Schweißen* sind Umformer erforderlich, deren Spannung bei zunehmender Stromstärke gleichbleibt oder sogar noch etwas ansteigt (*Gleichspannungskennlinie*), weil hier mit sehr dünnen Elektroden geschweißt wird, die einen Kurzschlußstrom wie oben gar nicht erst aufkommen lassen, sondern sofort abschmelzen, wenn sie das Werkstück berühren. Die Höhe der Gleichspannung ist in einem gewissen Bereich verstellbar.

Es gibt Einzweckumformer für bestimmte Schweißverfahren und daneben auch Mehrzweckumformer, die durch einfaches Umschalten für Elektroden-, WI-, MI- und UP-Schweißen verwendet werden können. Reicht die Stromstärke eines Umformers für eine Schweißung nicht aus, so kann man mehrere gleiche Umformer parallel schalten, indem man Pluspol mit Pluspol und Minuspol mit Minuspol zusammenschließt.

b) *Gleichrichter* können als Trocken- oder als Röhrengleichrichter gebaut sein. Sie werden über Schweißumspanner (Abschn. 5) an das Drehstromnetz angeschlossen. Der damit erzeugte Strom besteht aus einzelnen Stromstößen wie der Wechselstrom, die aber alle in gleicher Richtung fließen (pulsierender Gleichstrom). Nackte Elektroden kann man damit nicht verschweißen, Seelenelektroden nur mit Schwierigkeiten. Gleichrichter arbeiten vollkommen trägheitslos (vgl. Umformer), was z. B. für das Schutzgasschweißen wichtig ist. Sie werden zum MI-Schweißen mit Gleichspannungskennlinie gebaut.

5. Wechselstrom zum Schweißen wird mit Umformern oder Umspannern (Transformatoren, kurz Trafos) erzeugt. Oft ist es zweckmäßig oder notwendig, ein Hochfrequenzgerät zuzuschalten.

a) *Drehstrom-Wechselstrom-Umformer* sind Maschinen mit umlaufendem Anker wie die Drehstrom-Gleichstrom-Umformer. Man wird sie nur verwenden, wenn die Entnahme von einphasigem Wechselstrom aus dem Drehstromnetz zum Betrieb eines Schweißumspanners nicht zulässig oder die Erzeugung von Wechselstrom höherer Frequenz, z. B. 150 statt 50 Perioden, zum Schweißen verlangt wird, die nur mittels Umformer möglich ist.

b) *Schweißumspanner* gibt es in verschiedener Bauart [*8*]. Ihr Vorteil ist, daß sie keine umlaufenden Teile haben, daher keine Wartung brauchen und sich nicht abnutzen, ihr Nachteil, daß sie das Drehstromnetz ungleichmäßig belasten, weil sie einphasig, also mit zwei Leitungen, angeschlossen werden. Ein Schweißumspanner kann je nach Größe mehrere Schweißplätze versorgen. Jede Schweißstelle hat einen Regler wie bei den Mehrstellenanlagen für Gleichstrom.

Zum WI-Schweißen geeignet sind alle für die zusätzliche Verwendung von Hochfrequenzgeräten eingerichteten handelsüblichen Schweißumspanner. Der Wechselstromlichtbogen hat im Argongas eine starke Neigung zum *Gleichrichten*, d. h. die eine Stromrichtung wird bis zu einem gewissen Grade unterdrückt. Diese Gleichrichterwirkung kann man durch Einschalten von Kondensatoren oder OHMschen Widerständen im Schweißstromkreis aufheben. Schweißumspanner, die diese Einrichtung zusätzlich haben, werden heute schon gebaut. Man kann sie für das Elektrodenschweißen und für das WI-Schweißen verwenden.

c) *Hochfrequenzzusatzgeräte* (HF-Geräte). Die Schwierigkeit beim Schweißen mit Wechselstrom gegenüber Gleichstrom ist in der Stromart begründet. Während der Gleichstrom etwa wie Wasser in einer Rohrleitung gleichmäßig in einer Richtung fließt, ändert der übliche 50-periodige Wechselstrom (= 50 Hertz, abgekürzt Hz) in jeder Sekunde 100mal seine Richtung: Eine Periode umfaßt zwei Wechsel; die Stromstärke nimmt zunächst zu bis zu einem Höchstwert, dann wieder ab bis auf 0, die Stromrichtung kehrt sich um und nun nimmt die Stromstärke in dieser entgegengesetzten Richtung den eben geschilderten Verlauf. Bei jedem Richtungswechsel des Stromes wird die Stromstärke 0 und der Lichtbogen erlischt und muß in entgegengesetzter Richtung neu zünden. Das ist nur möglich, wenn zwischen Elektrode und Werkstück ein durch den Lichtbogen elektrisch stark angeregtes (ionisiertes) Gas vorhanden ist. Luft ist schwerer zu ionisieren als z. B. die aus der Elektrodenumhüllung entstehenden Gase. Deshalb kann man mit Wechselstrom keine nackten und Seelenelektroden verschweißen. Das ist aber möglich, wenn man ein HF-Gerät zuschaltet, da dieses von sich aus mit rd. 2000 V, einer Frequenz von 300 bis 500 Kilohertz (kHz) und einer Leistung bis etwa 30 Watt eine Funkenstrecke erzeugt, die abhängig von der Temperatur der Elektrode einen Zwischenraum von 3 bis 5 mm zwischen Elektrode und Werkstück überbrückt. Die Zündung erfolgt bei diesem Abstand, also ohne Berührung. Am wirkungsvollsten ist der Stabilisierungseffekt, wenn man das HF-Gerät und den Schweißumspanner an die gleiche Phase anschließt.

Mit der Zunahme der Schweißleistungen, besonders beim UP- und Schutzgasschweißen, wird dem *Zündungsvorgang* immer mehr Beachtung geschenkt. HF-Geräte besonderer Bauart werden auch beim Gleichstromschweißen verwendet, um z. B. schon 1 mm vor der Berührung der Elektrode mit dem Werkstück zu zünden. Zu beachten ist noch, daß die HF-Geräte elektromagnetische Wellen aussenden und Störungen im Rundfunk und Fernsehen hervorrufen. Um Schwierigkeiten mit der Post zu vermeiden, ist bei Beschaffung von HF-Geräten dieser Punkt mit in Betracht zu ziehen [*9*].

6. Allgemeine Regeln für die Schweißanlage. Die vom Lieferanten der Schweißanlage beigegebene *Bedienungsvorschrift* ist genau zu beachten.

Beim Anschluß eines Schweißumformers älterer Bauart ist auf die richtige *Drehrichtung*, die zumeist durch einen roten Pfeil angegeben ist, zu achten; die Drehrichtung eines Drehstrommotors kann durch einfaches Vertauschen zweier beliebiger der drei Leitungsanschlüsse an der Maschine geändert werden. Bei neuzeitlichen Querfeld-Schweißumformern ist die Drehrichtung gleichgültig.

Jede Schweißanlage muß mittels eines Hebelschalters unter Zwischenschaltung richtig bemessener Sicherungen vom Leitungsnetz *abschaltbar* sein.

Jede Schweißanlage muß *geerdet* sein, um bei Isolations- und anderen Fehlern die meist gefährlich hohe Netzspannung zur Erde abzuleiten. Den Anschlüssen und der sorgfältigen Instandhaltung der Erdungsleitung ist aus Sicherheitsgründen besondere Beachtung zu schenken.

Das Anschließen *fahrbarer* Schweißanlagen an das Leitungsnetz oder an die Schalttafel darf niemals „unter Strom" vorgenommen werden.

Fahrbare Schweißumformer sind stets in nächster Nähe des zu schweißenden Werkstückes aufzustellen, da die Verwendung eines langen Schweißkabels — auch wenn es einen größeren Querschnitt als 35 qmm besitzt — Verluste an elektrischer Energie zur Folge hat.

Auf einen guten metallischen *Kontakt* sämtlicher Schweißkabelverbindungen ist zu achten, und außerdem ist darauf zu sehen, daß auch die Muttern bei den Kabelanschlüssen fest angezogen sind.

Alle Anschlüsse der Kabel müssen mit angelöteten *Kabelschuhen* versehen sein.

Das Schweißkabel mit Elektrodenhalter und das Werkstückanschlußkabel müssen immer in *einwandfreiem* Isolationszustande sein, da sonst sehr leicht ein Kurzschluß eintreten kann. Die Kabel müssen deshalb schonend behandelt werden. Das Überfahren der Kabel mit Transportgeräten und das Ziehen über scharfe Kanten — z. B. über Mannlöcher bei Kesseln — sind unbedingt zu vermeiden.

Der *Elektrodenhalter* muß ein festes Einspannen der Elektrode ermöglichen. Er muß „vollisoliert", d. h. ohne eingespannten Schweißdraht gegen zufällige Berührung vollkommen geschützt sein (Unfallverhütungsvorschrift).

Alle *Lagerstellen* müssen mit Fett oder Öl gefüllt sein.

Vor Anlauf des Schweißumformers ist der *Regler* stets auszuschalten. Außerdem darf der Elektrodenhalter nicht auf den Schweißtisch oder auf das zu schweißende und an das Schweißaggregat bereits angeschlossene Werkstück gelegt werden.

Mit Rücksicht auf die höhere Leerlaufspannung bei *Schweißumspannern* darf das Auswechseln der Elektroden beim Schweißen niemals mit der nackten Hand, sondern immer nur mit Handschuhen vorgenommen werden. Bei Schweißarbeiten, z. B. in Kesseln, feuchten Räumen usw. kann die höhere Leerlaufspannung der Umspanner Anlaß zu Unfällen geben, wenn diese Vorsichtsmaßregel nicht beachtet wird. Auch ist die Isolation des Schweißkabels zu kontrollieren. Ein Schweiß-*umformer* ist jedenfalls mit Rücksicht auf seine ungefährliche Leerlaufspannung für solche Arbeiten vorzuziehen[1].

7. Die Schweißplatzausrüstung soll stets in gutem Zustande sein. Es gehören dazu:

1 in unmittelbarer Nähe der Schweißanlage aufzustellender eiserner Schweißtisch, der an den einen Pol der Schweißanlage angeschlossen wird. Der Schweißtisch soll nicht zu hoch sein, damit der Schweißer auch sitzend arbeiten kann.

1 Schweißkabel, 5 m lang und meist 35 qmm, bei Schweißdraht über 4 mm 50 qmm Kupferquerschnitt, hochbiegsam mit Elektrodenhalter und angelötetem Kabelschuh. Zum Schutze gegen mechanische Beschädigungen ist das Kabel entweder mit einem Gummi- oder Lederüberzug zu versehen.

1 Werkstückanschlußkabel, 3 bis 5 m lang und ebenfalls 35 bzw. 50 qmm Kupferquerschnitt, mit zwei angelöteten Kabelschuhen.

1 Anschlußschraubzwinge.

1 Schutzspiegel (Hand- oder Kopfschild) mit farbigem Schutz- und weißem Deckglas.

2 Reserveschutzgläser.

1 Schweißhaube mit aufklappbarem Schutzglas. Abb. 4 zeigt die Verwendung der Schweißhaube beim Schweißen eines Dünnblechrohres mit Schweißkohle, Blasmagnet und Zusatzdraht (s. Abschn. 48). Auch beim WI-Schweißen muß ja der Schweißer beide Hände frei haben. Hier ist ein Kopfschild zweckmäßig, eine geschlossene Haube zu heiß.

1 Atmungsschutz — Respirator — mit auswechselbarer Einlage für Bronze-Messing-Schweißung. Abb. 5 zeigt die Benutzung des Respirators und des Schutzspiegels bei einer Bronzeschweißung.

1 gewöhnliche Schutzbrille mit weißen Gläsern, seitlich geschlossen.

1 Paar Lederhandschuhe, möglichst aus Chromspaltleder, mit verstärktem Daumen und Zeigefinger und rd. 150 mm langem Stulp.

---

[1] Neuerdings werden Schweißumspanner gebaut, für die diese Einschränkung entfällt, wenn sie den besonderen Bestimmungen der Berufsgenossenschaften genügen. Sie müssen auffällig und dauerhaft mit dem Kennzeichen „*42 V*" versehen sein und mit dem Hinweis, daß sie nicht über 30° geneigt verwendet werden dürfen und das Gerät beim Versagen der Schutzeinrichtung außer Betrieb zu nehmen ist.

1 Lederschürze.
1 Blech- oder Holzkasten zur Aufbewahrung der Schweißelektroden.
1 gewöhnlicher Hammer.
1 leichter Spitzhammer zur Entfernung der Schlacke.
1 Stahldrahtbürste, einige Meißel, eine Feuerzange und eine Kombizange.
1 Kasten für die Elektrodenabfälle.

Der Schweißplatz soll durch Schutzwände in dunkler Farbe von dem übrigen Arbeitsraum abgegrenzt werden. Zweckmäßig ist es, beim Schweißplatz eine Warnungstafel mit der Aufschrift anzubringen:

„Nicht mit ungeschützten Augen in den Lichtbogen sehen!"

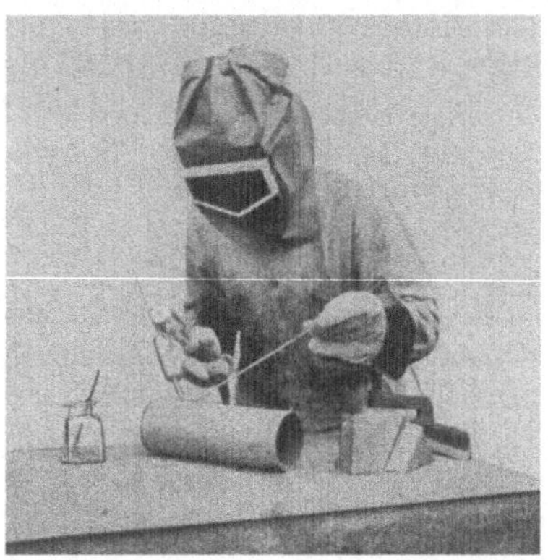

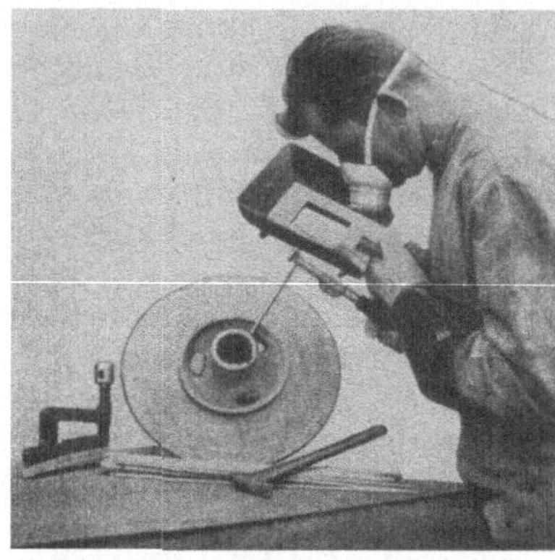

Abb. 4. Schweißhaube mit aufklappbarem Schutzglas

Abb. 5. Handschweißschild und Atmungsschutz mit auswechselbarer Einlage

8. Schutzvorrichtungen für den Schweißer. Der Elektroschweißer muß sich gegen die vom Lichtbogen ausgehenden Strahlen, gegen glühende Metallspritzer, gegen strahlende Wärme und gegen Dämpfe und Rauch in zweckmäßiger Weise schützen, will er sich nicht der Gefahr von Verletzungen aussetzen. Besonders stark sind die Strahlen beim Schutzgasschweißen, bei Argon noch mehr als bei Kohlensäure.

Die vom Lichtbogen ausgehenden Strahlen werden eingeteilt in:

ultraviolette Strahlen (chemische Wirkung),

ultrarote Strahlen (Wärme- und chemische Wirkung),

Lichtstrahlen (Blendung).

Sowohl die ultravioletten als auch die ultraroten Strahlen können, ohne daß man sie empfindet, an ungeschützten Körperteilen, wie Augen und Händen, Schäden hervorrufen. Die Lichtstrahlen blenden das Auge außerordentlich stark, wenn sie dieses aus nächster Nähe auch nur einen Augenblick unmittelbar treffen.

Der Elektroschweißer darf nur solche farbige Schutzgläser verwenden, die die schädlichen ultravioletten und ultraroten Strahlen *absorbieren* (aufsaugen) und die Lichtstrahlen nur so weit *abschwächen*, daß eine gute Beobachtung und Unterscheidung der abschmelzenden Elektrode von der flüssigen Schlacke noch möglich ist. Vor dem Schutzglas ist ein nach Bedarf jederzeit auszuwechselndes *Deckglas* aus gewöhnlichem Fensterglas einzusetzen, um das Schutzglas gegen die Wirkung der glühenden Metallspritzer zu schützen. Ein gesprungenes Schutzglas darf keinesfalls verwendet werden und ist durch ein fehlerfreies Glas zu ersetzen.

Die Augen werden gegen *seitlich* eindringende Strahlen am zweckmäßigsten durch eine mit gewöhnlichem Fensterglas versehene, jedoch seitlich geschlossene Brille, wie sie auch vom Autogenschweißer verwendet wird, geschützt.

Die Hilfsmittel für den optischen Strahlungsschutz sind genormt:
DIN 4641 bis 4645 Schutzbrillen, Schutzbrillengläser, Schutzbrillenfassungen,
DIN 4646 Augenschutzfilter: wissenschaftliche Grundlagen des Strahlungsschutzes,
DIN 4647, Bl. 1 Augenschutzfilter: Anwendung als Schweißer-Schutzfilter,
DIN 4655 Schutzmasken und Schutzschilde für Elektroschweißer.

Fast alle Anfänger reißen die am Werkstück festklebende Elektrode ab, ohne den Schutzspiegel vorzuhalten, so daß die Augen durch den im Augenblick des Abreißens entstehenden Lichtbogen unnötigerweise „verblitzt" werden.

„Verblitzte" Augen werden am besten durch Einträufeln von „Corodenin", in jeder Apotheke erhältlich, behandelt. Nach dem Einträufeln werden die Ränder der Augenlider mit einer 2proz. Borsalbe, die mit reiner Vaseline bereitet ist, bestrichen.

Die Hände sind gegen die Einwirkung der schädlichen Strahlen sowie gegen glühende Metallspritzer und Schlackenteilchen durch Lederhandschuhe zu schützen. Die Füße schützt man am besten durch hohe Schuhe. Schadhafte oder Halbschuhe sind ungeeignet, da herabfallende glühende Tropfen sehr leicht Verbrennungen verursachen, die oftmals in Eiterungen übergehen.

Ein Schutz gegen die strahlende Wärme — am besten durch Asbestschürzen — ist eigentlich nur beim Graugußwarmschweißen nötig.

Die beim Schweißen von Kupferlegierungen, wie Bronze, besonders aber Messing und Rotguß, entstehenden Dämpfe und Rauche sind gesundheitsschädlich. Obwohl der Schweißer durch den Schutzschild einigermaßen geschützt ist, soll bei länger dauernden Arbeiten ein Atmungsschutz getragen werden (Abb. 5), dessen auswechselbare Einlage in einer Mischung, bestehend aus Essig und Wasser, ungefähr je zur Hälfte, angefeuchtet wird.

Am Schweißtisch ist eine verstellbare Absaugvorrichtung sehr vorteilhaft; ein Atmungsschutz, der ohnedies nicht gern getragen wird, ist dann entbehrlich. Jedenfalls ist zum Schutz gegen unreine Atemluft eine sehr gute Entlüftung des Schweißraumes mittelst eines Ventilators das Einfachste und beim Schweißen unter Schutzgas, zumal in engen Räumen, unbedingt notwendig. Beim Schweißen unter Kohlensäure entsteht in geringen Mengen das giftige Kohlenoxyd.

Beim Auskreuzen von Schweißfugen bei Grauguß, bei Schmirgelarbeiten und beim Abklopfen der Schlacke ist eine seitlich geschlossene *Schutzbrille* zu benutzen.

Für den Elektroschweißer gilt die alte ärztliche Weisheit:

„Verhüten ist leichter als Heilen!"

C. Das Arbeiten mit dem elektrischen Strom

9. Bestimmung der Polarität bei Gleichstrom. Vor Beginn des Schweißens muß geprüft werden, ob das Schweißkabel auch richtig angeschlossen ist. Für den Fall, daß die Anschlußklemmen am Schweißumformer nicht mit + und — bezeichnet sein sollten, ist die Polarität festzustellen, am einfachsten mit der Kohleelektrode: Wenn die Kohleelektrode an den Minuspol und das Blech an den Pluspol angeschlossen sind, brennt der Lichtbogen ruhig und reißt auch bei sehr rascher seitlicher Handbewegung nicht ab. Es hat den Anschein, als ob der Strom wie Wasser aus der Kohle sprühen würde; die Kohle brennt gleichmäßig ab. Wenn dagegen die Kohleelektrode an den Pluspol angeschlossen ist, brennt der schwieriger zu ziehende Lichtbogen unruhig und reißt schon bei geringer seitlicher Handbewegung sehr leicht ab, weil der Strom nicht aus der Kohle zum Werkstück, sondern vom Werkstück zur Kohle sprüht. Die Kohle brennt außerdem sehr ungleichmäßig ab (vgl. Abschn. 19).

Eine andere Art besteht darin, daß man an die Dynamoklemmen 2 blanke Drähte anschließt und diese in Wasser taucht. In das Wasser gibt man vorher etwas Soda oder Salz, um es gut leitend zu machen. Derjenige Draht, an dem sich eine lebhafte Gasentwicklung zeigt, ist der Minuspol.

Der Minuspol hinterläßt auf angefeuchtetem *Polreagenzpapier* — in jeder Apotheke oder Drogerie erhältlich — einen rotvioletten Punkt; der Pluspol färbt das Reagenzpapier nicht.

Die zum Schweißen am Minuspol bestimmten Elektroden schmelzen am Pluspol ziemlich rasch ab und ergeben eine bedeutend höhere Schweißraupe. Außerdem wird der Grundwerkstoff dabei nicht recht flüssig, so daß kein genügender Einbrand erzielt wird, was dem erfahrenen Schweißer sofort auffällt.

10. Zündspannung — Schweißspannung — Lichtbogen. Unter *Zündspannung* versteht man die Spannung, die zum Zünden des Lichtbogens bei einer bestimmten Elektrodenstärke nötig ist, rd. 50 bis 70 Volt, unter *Schweißspannung* diejenige, die während des Schweißens zwischen Elektrode und Werkstück am Lichtbogen herrscht, rd. 20 bis 40 Volt, abhängig von der Länge des Lichtbogens.

Die *Länge des Lichtbogens* soll höchstens gleich der verwendeten Elektrodenstärke sein, mithin bei einer 4 mm starken Elektrode etwa 4 mm, weil dann die Aufnahme von Sauerstoff und Stickstoff der Luft in die Schweiße verringert wird und die Schweißraupe eine gleichmäßige schöne Form ergibt (Abb. 10).

Bei *Sauerstoffaufnahme* bildet sich im flüssigen Werkstoff Eisenoxyd, das teilweise in die Schweiße übergeht und ihre Festigkeit wesentlich herabsetzt (Oxydation von lat. oxygenium = Sauerstoff). Die *Stickstoffaufnahme* hat zwar keine Verminderung der Festigkeit zur Folge, wohl aber eine Herabsetzung der Dehnung und Zähigkeit der Schweiße (Nitrierung von lat. nitrogenium = Stickstoff).

Es kann dem angehenden Schweißer nicht oft genug nahegelegt werden, gleich von allem Anfang an den Lichtbogen *möglichst kurz* zu halten, um nicht nur die nachteiligen Veränderungen in der Schweiße, die durch den ungehinderten Zutritt der Luft entstehen, auf ein Mindestmaß zu verringern, sondern auch eine gute Verschmelzung mit dem Grundmaterial zu erzielen (s. Abschn. 11).

11. Stromstärke — Einbrand. Das Schweißen mit der richtigen Stromstärke ist ebenso wichtig wie das Halten eines möglichst kurzen Lichtbogens. Der Schweißer soll gleich von Anfang an das Einstellen der richtigen Stromstärke durch aufmerksame Beobachtung der Schweiße lernen. Die für einzelne Elektrodendurchmesser in Tabelle 1 angegebenen Stromstärken sind nur als Anhaltswerte zu betrachten.

Tabelle 1. *Richtwerte für Stahlelektroden*

Blechstärke in mm	Elektrodendurchmesser in mm	Stromstärke in Amp.
2 … 3	2	30 … 70
3 … 5	3	65 … 120
6 … 12	4	110 … 180
12 … 20	5	160 … 250
über 20	6	180 … 300

Folgende *Schweißversuche* mit nackten oder dünnumhüllten Elektroden, die jeder angehende Schweißer einmal machen soll, sind zur Beurteilung der richtigen Stromstärke sehr anschaulich:

a) Man schweißt mit *zu niedriger* Stromstärke und beobachtet, daß

1. dem Blech (Werkstück) zu wenig Wärme zugeführt und mithin die Schweißstelle auch zu wenig flüssig wird;

2. der Lichtbogen sehr schwierig zu halten ist und demnach sehr oft abreißt:

3. die Schweißraupe sehr ungleichmäßig wird und unschön aussieht;

4. der Einbrand derart schlecht ist, daß solche Schweißraupen auf dem Bleche nur „kleben" und mühelos entfernt werden können.

Eine solche Schweiße ist selbstredend wertlos. Die Schweißraupe Abb. 6 trägt alle Kennzeichen einer mit zu geringer Stromstärke ausgeführten Schweißung, und aus dem Schliffbild Abb. 7 ist zu ersehen, daß überhaupt kein Einbrand erzielt wurde. Es wurde mit einer Elektrode von 4 mm Durchmesser bei 70 Ampere geschweißt.

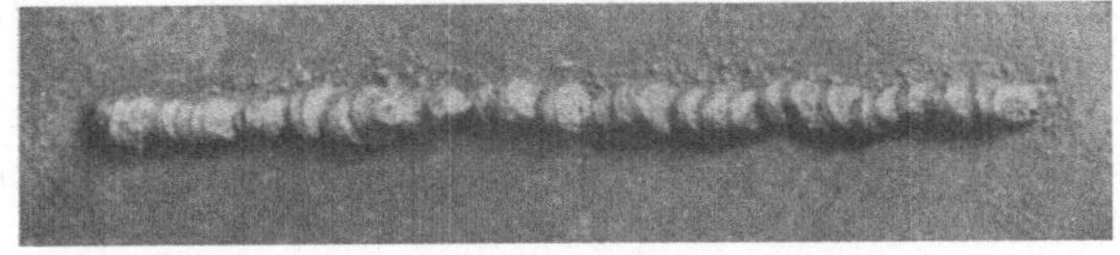

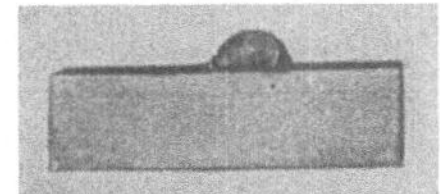

Abb. 6. Schweißraupe, mit zu niedriger Stromstärke hergestellt   Abb. 7. Schliffbild zu Abb. 6

b) Dann schweißt man mit *zu hoher* Stromstärke und beobachtet, daß

1. das Blech viel zu stark erwärmt wird;

2. die Schweißraupe viel zu flach wird, also zu stark auseinanderfließt;

3. nicht nur die Oberfläche der Raupe, sondern auch der Endkrater zahlreiche Poren aufweist;

4. der Einbrand eine zu große Tiefe erreicht;

5. die Elektrode außerordentlich stark spritzt, zu rasch abschmilzt und auf die ganze Länge zum Glühen kommt;

6. die Schweißnaht überhitzt oder, wie man sagt, verbrannt wird.

Eine solche Schweißraupe ist ebenfalls unbrauchbar. Die Abb. 8 zeigt eine mit zu hoher Stromstärke ausgeführte Schweißung und das Schliffbild Abb. 9 die zu große Einbrandtiefe. Es wurde mit einer Elektrode von 4 mm Durchmesser bei 200 Ampere geschweißt.

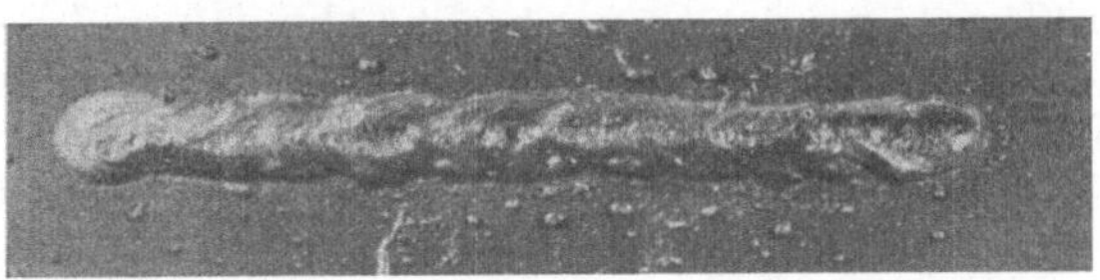

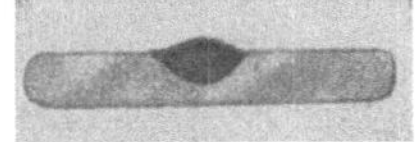

Abb. 8. Schweißraupe, mit zu hoher Stromstärke hergestellt   Abb. 9. Schliffbild zu Abb. 8

c) Zuletzt schweißt man mit der *richtigen* Stromstärke und beobachtet hierbei, daß

1. der Lichtbogen bei richtiger Haltung der Elektrode nicht abreißt;

2. die Elektrode ruhig und gleichmäßig abschmilzt;

3. die Schweißraupe eine glatte, porenfreie Oberfläche hat und gut aussieht;

4. die Einbrandtiefe gut und der Endkrater etwas länglich und nicht zu tief ist (man vergleiche die Endkrater, Abb. 6, 8 u. 10).

Eine mit richtig eingestellter Stromstärke ausgeführte Schweißung ist aus der Abb. 10 und der genügende Einbrand aus dem Schliffbild Abb. 11 ersichtlich. Es wurde mit einer Elektrode von 4 mm Durchmesser bei 140 Ampere geschweißt.

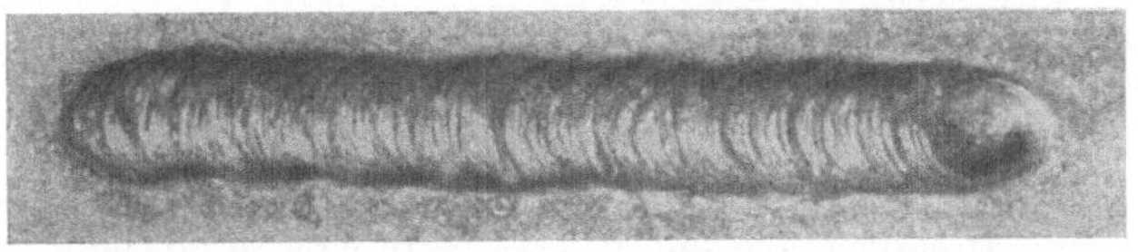

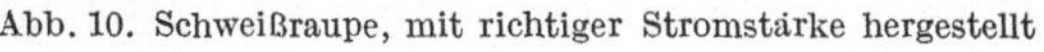

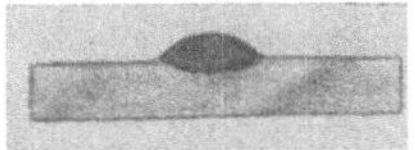

Abb. 10. Schweißraupe, mit richtiger Stromstärke hergestellt   Abb. 11. Schliffbild zu Abb. 10

Wie aus diesen drei Schweißversuchen hervorgeht, hängt die gute Verschmelzung mit dem Werkstoff und damit auch die Güte der Schweiße von der richtigen Einstellung der Stromstärke ab. Aber auch der Lichtbogen muß möglichst kurz gehalten werden. Bei zu langem Lichtbogen wird das Grundmaterial nicht aufgeschmolzen und die Elektrode schmilzt tropfenweise ab, ohne daß eine innige

Verbindung mit dem Werkstück stattfindet. Außerdem brennt ein zu langer Lichtbogen sehr unruhig und reißt leicht ab. Bei Schweißungen jedweder Art muß stets ein guter, einwandfreier Einbrand erzielt werden. *Mantelelektroden* (Abschn. 21) ergeben auch bei einem längeren Lichtbogen meist einen tieferen Einbrand, sind daher leichter zu verschweißen.

Ob eine Elektrode bei richtiger Stromstärke und kurzem Lichtbogen genügenden Einbrand ergibt, prüft man am zuverlässigsten durch Schweißen der Kehlnaht eines T-Stoßes, bei welchem das eine Blech waagerecht, d. h. in der Zwangslage, liegen muß. Bei dieser Schweißung muß auch in der Spitze der Kehle ein gleichmäßiger Einbrand vorhanden sein. Verbindliche Angaben über die Stromstärke können hierzu nicht gemacht werden. Sie ist hauptsächlich von der Art und Größe des Werkstückes, der Materialstärke, der Lage der Schweißnaht, der verwendeten Elektrodensorte und dem Elektrodendurchmesser abhängig.

d) Im allgemeinen gelten folgende *Regeln*, die der Schweißer beachten soll:

1. Da der größte Teil der durch den Lichtbogen zugeführten Wärme durch das Werkstück wieder abgeleitet wird, erfordern starkwandige große Werkstücke höhere Stromstärken als dünnwandige kleine Arbeitsstücke.

2. Die Elektrode darf beim Schweißen starkwandiger Werkstücke nicht zu rasch geführt werden, insbesondere nicht zu Beginn der Schweißung, wenn das Werkstück noch kalt ist.

3. Bei der Kehlnaht (Abb. 24, S. 19) und beim überlappten Stoß (Abb. 25) ist die Wärmeaufnahme wesentlich größer als bei der Stumpfnaht (Abb. 20) und bei der Ecknaht (Abb. 29), weshalb bei Verwendung von Elektroden gleichen Durchmessers in den ersten beiden Fällen die Stromstärke höher eingestellt werden muß als beim Schweißen einer Stumpf- oder Ecknaht. Da das untere Blech beim überlappten Stoß wesentlich mehr Wärme aufnimmt als das obere, ist der Lichtbogen mehr auf das untere Blech zu richten (s. Abb. 124 u. 125).

4. Beim Schweißen der Grundraupe in einer V-Fuge ist trotz der hierfür zu verwendenden dünneren Elektrode stets eine höhere Stromstärke einzustellen, damit eine einwandfreie Wurzellage erzielt wird.

5. Beim Schweißen senkrechter Nähte von unten nach oben stellt man die Stromstärke niedriger ein als beim waagerechten Schweißen.

6. Wird jedoch von oben nach unten geschweißt, dann muß die Stromstärke höher gewählt werden.

7. Da beim Überkopfschweißen die Elektrode meist ziemlich rasch geführt werden muß, ist es nötig, die Stromstärke höher als beim Schweißen in waagerechter Lage einzustellen.

Abschließend sei der Anfänger wiederholt daran erinnert, daß die richtige Einstellung der Stromstärke nur dann einen genügenden Einbrand ergibt, wenn auch der Lichtbogen so kurz wie möglich gehalten wird.

12. Dehnung — Schrumpfung — Schrumpfspannung. Alle Metalle dehnen sich beim Erwärmen und schrumpfen beim Erkalten. Schweißt man zwei längere Blechstreifen zusammen, ohne sie vorher an mehreren Stellen zu heften, so schieben sich die freien Enden mehr und mehr scherenartig übereinander, weil der Anfang der Schweißnaht schon fest ist, wenn die fortschreitende Naht beim Abkühlen schrumpft (Abb. 131, S. 63). Wie die Abb. 78 u. 79 (S. 40) zeigen, können durch ungleichförmiges Erwärmen und Abkühlen sogar Risse entstehen. Jede Schweißnaht schrumpft quer zu den Schweißkanten und in ihrer Längsrichtung, außerdem noch nach der Tiefe. Die Längsschrumpfung ist am größten, denn die Schweißnaht hat in dieser Richtung die größte Ausdehnung.

a) Die *Querschrumpfung bei Stumpfnähten* beträgt nach MALISIUS [10] ungefähr 1 bis 3 mm bei freier Beweglichkeit des Werkstückes. Wird die Beweglichkeit unterbunden, so entsteht eine *Zugspannung* in solcher Größe, als wenn das Werkstück quer zur Schweißnaht durch eine äußere Zugkraft um das Maß der verhinderten Schrumpfung gedehnt würde. Wie man praktisch vorgeht, ist bei Abb. 132 (S. 63) angegeben. Die Größe einer Schrumpfung und so auch bei festgehaltenen Teilen die entstehende Spannung hängt stets von der Länge der erwärmten Strecke ab. Die Folge ist, daß eine V-Naht, die ja an der Wurzel schmaler ist als oben, ungleichmäßig schrumpft und, wie Abb. 12 an dem Beispiel zweier Flacheisen von etwa 40 × 6 mm gestrichelt erkennen läßt, ein dachförmiges Verformen der beiden Flacheisen hervorruft, eine sogenannte *Winkelschrumpfung*. Sie ist bei Mehrlagenschweißung besonders groß, weil die Wurzellage

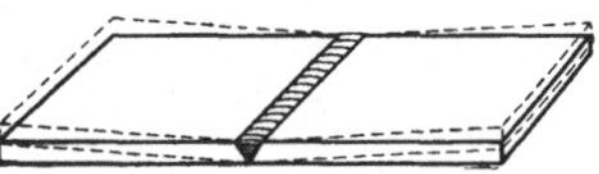

Abb. 12. Verformung quer zui Schweißnaht (Querschrumpfung, Winkelschrumpfung)

schon kälter geworden ist, wenn die oberste Lage geschweißt wird. Spannt man das Werkstück fest, so entstehen aus der Winkelschrumpfung starke *Biegespannungen* im Bereich der Schweißnaht. Will man bei V-Nähten die Winkelschrumpfung ausgleichen, so biegt man die beiden Bleche nach dem Heften um das Maß nach außen,

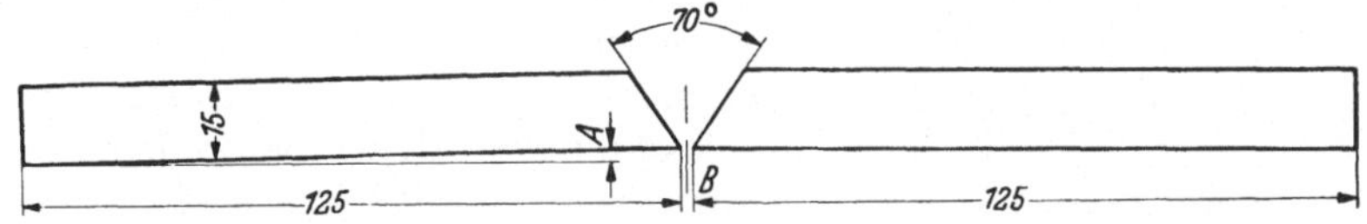

Abb. 13. Stumpfnahtvorbereitung zum Ausgleich der Winkelschrumpfung

um das sie beim Schweißen nach innen schrumpfen (Abb. 13). Sie liegen dann nachher in einer Ebene und bedürfen keiner Nachrichtarbeit. Das Maß A ermittelt man durch Versuche.

Beispiel Abb. 13: Blechstärke 15 mm, Spalt B rd. 2 mm, Maß A 2 bis 3 mm; Schweißen in 5 Lagen; Mantelelektroden-Durchmesser für Waagerechtschweißen der Wurzellage 3,25 mm, für Senkrecht- und Überkopfschweißen der Wurzellage 2,5 oder 3,25 mm, für die übrigen Lagen 4 mm.

Bei X-Nähten wird die Winkelschrumpfung durch beiderseitig gleichzeitiges Schweißen vermieden.

b) Die *Längsschrumpfung* ist am Beispiel Abb. 14 leicht nachzuweisen: Auf ein Flacheisen von 40 × 6 mm wird mit einer 4 mm starken Elektrode in Pendelführung eine Schweißraupe aufgetragen. Da sich die Schweißraupe in der Länge um ein größeres Maß zusammenzieht als quer, wird das ursprünglich gerade Flacheisen die gestrichelte Form annehmen. Bei dünneren Blechen ist die Krümmung stärker als bei dickeren.

Werden zwei Bleche durch eine zügig geschweißte Stumpfnaht miteinander verbunden, so muß eine der Länge der Naht entsprechende große Längsschrumpfung entstehen. Sie wird aber durch den beim Schweißen kalt gebliebenen Teil der

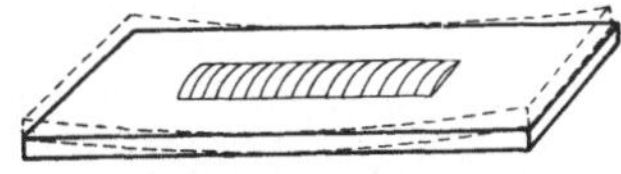

Abb. 14 Verformung in Richtung der Schweißnaht (Langsschrumpfung)

Bleche gehemmt, in der Schweißnaht entstehen sehr große *Zugspannungen*, zugleich mit entsprechenden Druckspannungen im Blech. Die Längsspannungen der Schweißnaht setzen sich mit den Querspannungen zusammen und es entsteht ein *mehrachsiger Spannungszustand*, der für den Werkstoff besonders gefährlich ist. Wie man die Längsspannungen vermindert, ist bei Abb. 133 (S. 63) angegeben.

Längsnähte, die z. B. an geschweißten Trägern nicht zentrisch oder symmetrisch angeordnet werden können, rufen unvermeidlich Krümmungen und Verwerfungen hervor, deren Ausrichten oft schwierig ist. Auch solche Nähte müssen ähnlich Abb. 17 oder 133 geschweißt werden.

c) Der folgende Schweißversuch mit einer einseitigen *Kehlnaht* ist besonders lehrreich. Jeder angehende Schweißer sollte ihn, ebenso wie die in den Abb. 12 bis 14 dargestellten Versuche, praktisch ausführen:

Das Blech *A* (Abb. 15) wurde senkrecht gut passend auf das Blech *B* gestellt. Da es weder durch eine Spannvorrichtung, noch durch kurze Heftnähte am Anfang und am Ende der Naht in dieser Lage festgehalten war, konnte es sich frei bewegen. Nun wurde die einseitige Kehlnaht mit einer dünnumhüllten Elektrode geschweißt. Wie aus der Abb. 16 ersichtlich ist, verzog sich infolge Schrumpfung der Kehlschweißnaht das lose aufgestellte Blech *A* sehr stark nach der Seite der Kehlnaht hin. Die Abweichung von der Senkrechten betrug im vorliegenden Falle 9 mm bei einer Höhe von 100 mm des 12 mm starken Bleches. Die Abbildung zeigt weiter deutlich den keilförmigen Spalt, um welchen das Blech *A*, das vor dem Schweißen auf dem Blech *B* satt aufstand, sich abgehoben hat. Verziehungen dieser Art können durch folgende Maßnahmen vermieden werden:

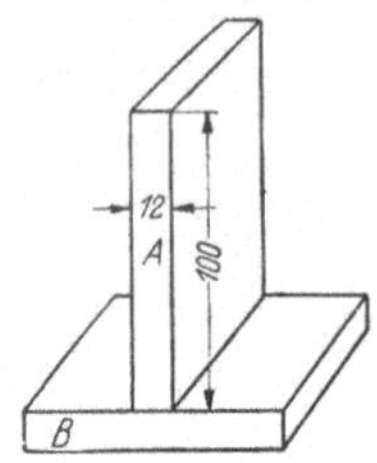

Abb. 15. Blech *A* senkrecht auf Blech *B* gestellt

1. Man hält das Blech *A* durch auf beiden Seiten zweckmäßig verteilte kurze Heftnähte in der richtigen, in diesem Falle in der senkrechten Lage.

2. Man verwendet eine Spannvorrichtung, um das Blech *A* in der Lage, die es nach dem Schweißen haben muß, zu halten.

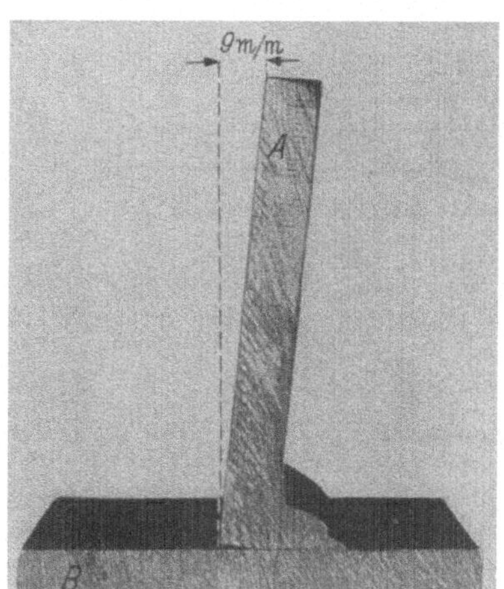

Abb. 16. Schrumpfung bei einseitiger Kehlnaht

d) Wie man sieht, können *Spannungen* keinesfalls vermieden werden. Je mehr Wärme einem Werkstück zugeführt wird, desto größer werden die Spannungen. Jeder Schweißer muß daher bestrebt sein, durch Beachtung nachstehender Maßnahmen die durch die Schrumpfung entstehenden Spannungen möglichst *niedrig* zu halten.

1. Die Schweißfugen und der Spalt an der Nahtwurzel bei Stumpfnähten dürfen in keinem Falle breiter sein, als eben zur guten, möglichst abschnittsweisen Durchschweißung des Schweißquerschnittes erforderlich ist.

2. Der Schweißer soll den Querschnitt der Nähte nicht größer machen als vorgeschrieben.

3. Da bei Verwenden einer starken Elektrode und Schweißen in nur einer Lage infolge erhöhter Wärmezufuhr größere Längsschrumpfungen und damit auch Verziehungen auftreten, soll — wenn irgend tunlich — in mehreren Lagen mit einer dünnen Elektrode geschweißt werden.

4. Die zu schweißenden Werkstücke müssen möglichst genau zusammengepaßt und durch zweckmäßig verteilte kurze Heftnähte oder unter Verwendung von Vorrichtungen in der richtigen Lage zueinander gehalten werden.

5. Bei Stahlkonstruktionen sollen die Kehlnähte — entweder durchlaufend oder unterbrochen — nicht in einem Zuge geschweißt werden, sondern derart, daß die einzelnen Schweißabschnitte möglichst weit voneinander entfernt liegen, weil dadurch die Gefahr des Verziehens sehr gering wird.

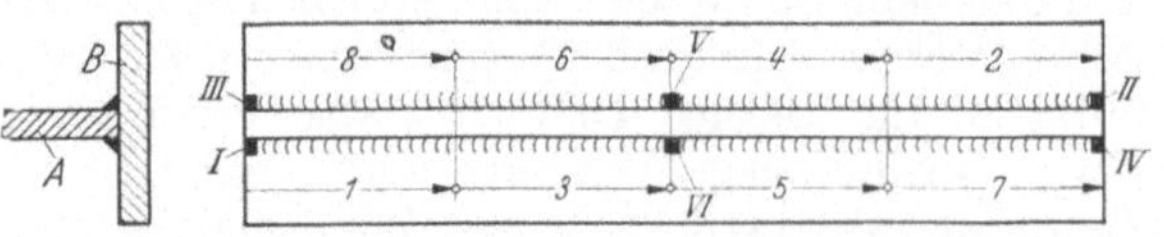

Abb. 17. Heftstellen und Schweißfolge für eine doppelseitige Kehlnaht an einem längeren *T*-Stoß

Zur Erläuterung der Punkte 4 und 5 sei beispielsweise der Schweißvorgang bei der doppelseitigen Kehlnaht eines längeren **T**-Stoßes (Abb. 17) angeführt. Zunächst wird der Steg *A* mit dem Blech *B* durch kurze Heftnähte in der durch die Ziffern I bis VI angeführten Reihenfolge verbunden. Bei kürzeren Werkstücken heftet man nur an den beiden Stirnseiten. Nach dem

Heften soll man prüfen, ob die beiden Bleche sich in der richtigen Lage zueinander befinden. Die Reihenfolge der einzelnen Schweißabschnitte ist durch die Zahlen 1 bis 8 angegeben und die Pfeile deuten die Richtung an, in welcher zu schweißen ist. Je nach Art des Werkstückes kann auch eine andere Reihenfolge und Richtung der Schweißabschnitte zweckmäßig sein. Ihre Länge hängt von der Blechstärke ab; im allgemeinen wird man die einzelnen Abschnitte 150 bis 250 mm lang wählen. — Betr. langer Stumpfnähte s. Abb. 133, S. 63.

6. Nach der Art des Werkstückes soll tunlichst von „innen nach außen" geschweißt werden, damit das Ende der Schweißfuge möglichst lange offen bleibt und sich frei dehnen kann.

13. Blaswirkung des Lichtbogens. Wie ein stromdurchflossener Draht erzeugen beim Schweißen die Elektrode und der Lichtbogen rings um sich ein *magnetisches Kraftfeld*, das auch auf den Lichtbogen selbst zurückwirken kann, wenn es von außen beeinflußt wird. Das tritt ein bei Werkstoffen, Stahl und Grauguß, die die magnetischen Kraftlinien gut leiten und dabei selbst magnetisch werden. Die magnetische Beeinflussung der Richtung des Lichtbogens wird als „Blaswirkung" bezeichnet. Sie tritt am deutlichsten beim Kohlelichtbogen in Erscheinung, der länger gezogen werden kann und auch ruhiger brennt als der Metallichtbogen. Jeder Schweißer sollte einmal folgenden Versuch machen:

Zwecks Vermeidung störender anderer Einflüsse lege man ein Flacheisen von etwa 50 × 6 mm auf eine isolierende Unterlage, z. B. Mauerziegel, und

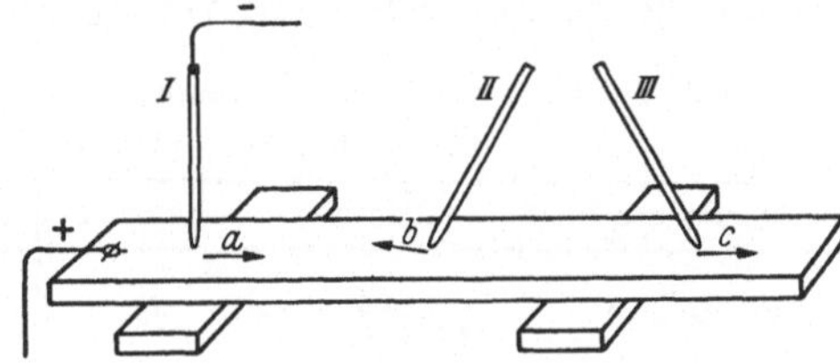

Abb. 18. Blaswirkung des Lichtbogens

schließe den Pluspol an das Flacheisen an (Abb. 18). Nun ziehe man den Kohlelichtbogen, Stellung I, wobei die Elektrode senkrecht zum Flacheisen zu halten ist. Hierbei wird der Lichtbogen in der Richtung a, also vom Stromanschluß weg, geblasen. Ändert man die Haltung der Elektrode mit der Spitze schräg gegen den Stromanschluß, Stellung II, so wird der Lichtbogen in der Richtung b geblasen. Wird die Elektrode schließlich mit der Spitze schräg gegen das Ende des Flacheisens gehalten, Stellung III, so wird der Lichtbogen in der Richtung c. also ebenfalls von der Stromanschlußstelle weg, geblasen.

Aus diesem Schweißversuch folgt, daß man durch verschiedenes Halten der Elektrode gegen das Flacheisen bei unverändertem Stromanschluß und gleicher Schweißrichtung die Blaswirkung des Lichtbogens ändern kann.

Die Blaswirkung zeigt sich sowohl bei nackten als auch bei Mantelelektroden oftmals störend und erschwert das Legen einer einwandfreien Schweißraupe, z. B. beim Schweißen senkrecht zueinander stehender Bleche oder beim Legen der Wurzelraupe in einer V-Fuge. Jedenfalls hat man die Schweißung sofort zu unterbrechen, wenn der Lichtbogen durch starkes Blasen von jener Stelle, an der ein einwandfreier Einbrand erzielt werden muß, weggedrückt wird.

Das Abschwächen der störenden Blaswirkung, also das Ablenken des Lichtbogens in die gewünschte Richtung, erfordert Erfahrungen, die zumeist nur durch Schweißversuche zu erlangen sind, wie folgt:

Zunächst ist die *Elektrodenhaltung*, die Neigung der Elektrode gegen das Werkstück, zu ändern, da sie in den meisten Fällen zu dem gewünschten Erfolge führt. Weiter kann die störende Blaswirkung durch *Heftnähte* am Anfang, in der Mitte und am Ende der Naht oftmals abgeschwächt werden, und schließlich kommt das Verlegen des *Stromanschlusses am Werkstück* in Betracht. Sollten diese Maßnahmen versagen, dann versuche man, statt von „innen nach außen" in umgekehrter Richtung zu schweißen, denn manchmal beseitigt die Änderung der Schweißrichtung das störende Blasen.

Beim *Wechselstromschweißen* wird der Lichtbogen nicht abgelenkt, wovon man sich durch einen einfachen Versuch unter Verwendung einer Stahlelektrode überzeugen kann, während das Halten eines langen Lichtbogens mit der Kohleelektrode hier nicht möglich ist. Beim Schweißen von austenitischen Chrom-Nickel-Stählen, die unmagnetisch sind, und von anderen unmagnetischen Werkstoffen wird der Lichtbogen auch bei Gleichstrom nicht abgelenkt.

Abb. 19. Stoßarten. a = Stumpfstoß, b = Überlappstoß. c = Parallelstoß, d = T-Stoß, e = Schragstoß, f = Kreuzstoß, g = Eckstoß. h = Mehrfachstoß

D. Schweißverbindungen

14. Begriffe und Bezeichnungen der Schweißverbindungen sind durch DIN 1912, Bl. 1, genormt: Die Form der Schweißverbindung heißt *Schweißstoß*, Abb. 19 erläutert die verschiedenen Stoßarten; die wichtigsten *Schweißnahtformen* sind in Tabelle 2 wiedergegeben, weitere findet man im Normblatt, auch Sonderformen, wie z. B. Vereinigung von V-Naht mit U-Naht und andere.

Tabelle 2. *Benennungen und Sinnbilder von Schweißnahtformen nach DIN 1912 Bl. 1*[1]
(Auswahl; Normblatt enthält weitere Nahtformen)

Benennung der Naht	Nahtform	Sinnbild	Benennung der Naht	Nahtform	Sinnbild
Bördelnaht			Kehlnaht		
I-Naht			Kehlnaht durchlaufend		
V-Naht			Doppelkehlnaht		
X-Naht			Ecknaht		
Y-Naht			*Besondere Zeichen*		
Doppel-Y-Naht			Naht eingeebnet z. B. V-Naht		
U-Naht (Tulpennaht)			Übergänge bearbeitet z. B. Kehlnaht		
Doppel-U-Naht			Wurzel ausgekreuzt, Kapplage gegengeschweißt, z. B. V-Naht		
Halb-V-Naht					
K-Naht					

(Stumpfnähte — Kehlnähte)

[1] Maßgebend ist die neueste Auflage des Normblattes, die vom Beuth-Vertrieb, Berlin W 15 oder Köln, zu beziehen ist.

15. Die Schweißposition, d. h. die Nahtlage beim Schweißen wird mit Buchstaben bezeichnet (vgl. Tabelle 3, S. 22):

w = Wannenlage, h = horizontal, s = steigend,
f = fallend, q = quer, $ü$ = überkopf.

Unter *Zwangslage* ist jede Schweißposition zu verstehen, die von der günstigsten, der Wannenlage, abweicht. Einfluß verschiedener Schweißpositionen auf die *Rißbildung*: Geneigte Überkopfkehlnähte zeigen große Neigung zum Reißen, senkrechte Nähte von oben nach unten und waagerechte Nähte mittlere Neigung zum Reißen, senkrechte Nähte von unten nach oben geringe Neigung zum Reißen [*11*].

16. Stumpfnähte: Abb. 20 zeigt eine übliche V-Naht, Abb. 21 am Beispiel einer Y-Naht, wie die Teile der Nahtfuge benannt werden, Abb. 22 läßt am Beispiel einer U-Naht erkennen, wie man

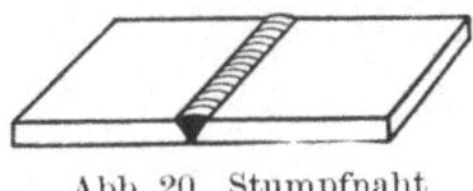

Abb. 20. Stumpfnaht

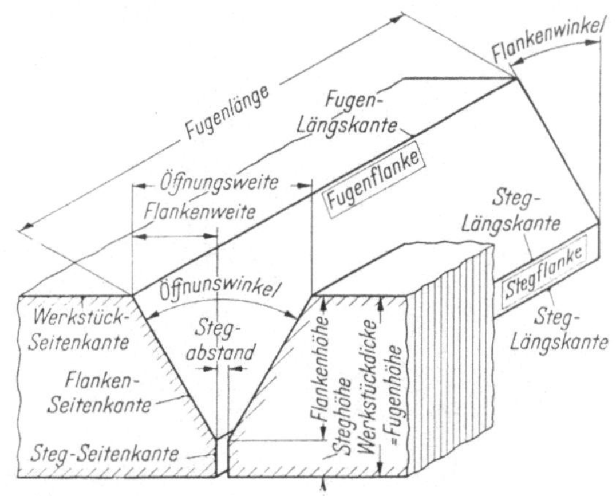

Abb. 21. Bezeichnungen an einer Schweißnahtfuge:
Beispiel Y-Naht

nach DIN 1912 die Schweißnähte in Zeichnungen darstellen kann. Für das Schweißen im Stahlbau ist DIN 4100 maßgebend. Eine sorgfältig ausgeführte Stumpfnaht ist die *günstigste Verbindung* zweier Bleche usw., weil der *Kraftfluß* dadurch in keiner Weise gestört wird.

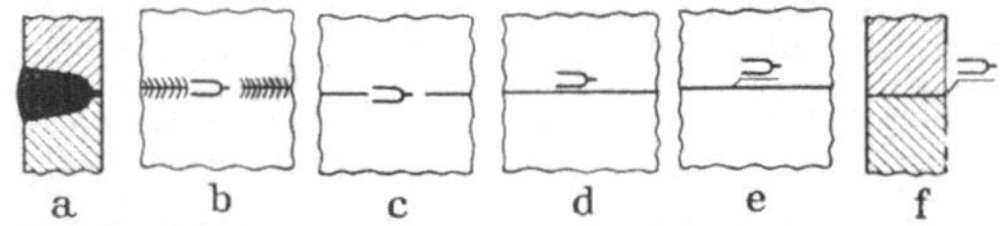

Abb. 22. Kennzeichnung von Schweißnähten in Zeichnungen. Beispiel U- oder Tulpennaht. *a* = Schnitt, *b* = bildlich mit Schuppung, *c* = bildlich ohne Schuppung, Sinnbild in der unterbrochenen Nahtlinie, *d* = Sinnbild über der Nahtlinie, *e* = sinnbildlich in der Ansicht, *f* = sinnbildlich im Schnitt

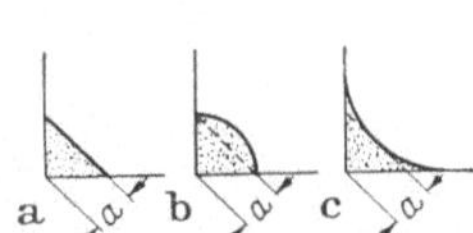

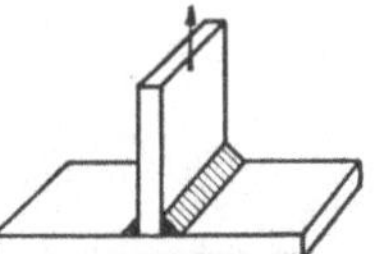

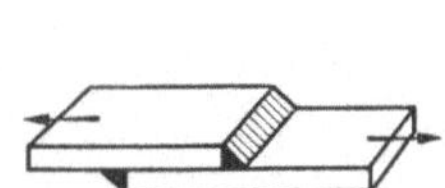

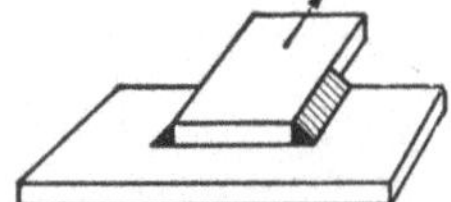

Abb. 23. Nahtquerschnitte für Kehlnähte. *a* = Flachnaht, *b* = Wölbnaht, *c* = Hohlnaht

Abb. 24. Doppelkehlnaht auf Zug

Abb. 25. Stirnnaht (Überlappstoß) auf Zug

Abb. 26. Flankennaht auf Schub

Abb. 24 bis 26. Verschiedene Beanspruchung von Kehlnahten

17. Kehlnähte können als Flach-, Wölb- und Hohlnähte geschweißt werden (Abb. 23). In allen drei Fällen gilt für die Festigkeitsberechnung das Maß *a*. Die Überwölbung bewirkt leicht Einbrandkerben. Die Abb. 24 bis 26 lassen die verschiedenartige Beanspruchung von Kehlnähten erkennen. Man unterscheidet *durchlaufende* und *unterbrochene* Kehlnähte (Abb. 27 u. 28).

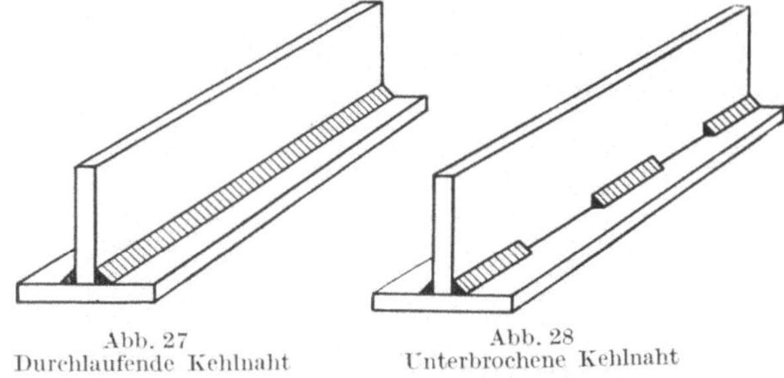

Abb. 27
Durchlaufende Kehlnaht

Abb. 28
Unterbrochene Kehlnaht

18. Aus der Praxis sind in den Abb. 29 bis 38 einige öfter vorkommende Schweißverbindungen wiedergegeben. Davon zeigt Abb. 38, wie bisherige

Schrauben- und Nietverbindungen bei Stahlkonstruktionen durch Schweißung ersetzt wurden.

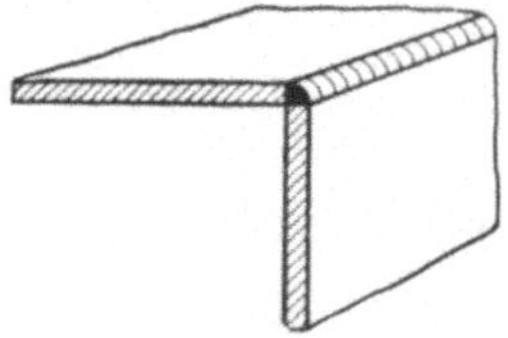

Abb. 29. Ecknahtschweißung

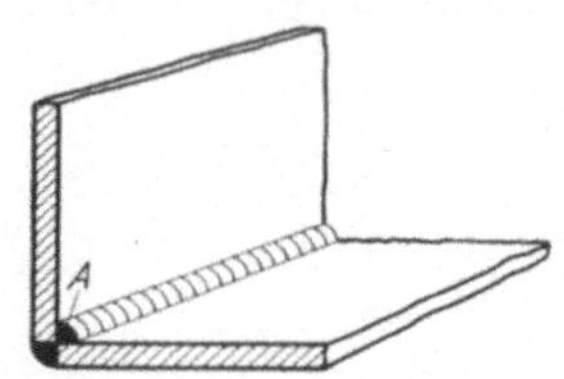

Abb. 30. Ecknaht mit Verstärkung durch eine innen liegende Kehlnaht A. Bei Ecknähten müssen die Bleche genau hergerichtet werden

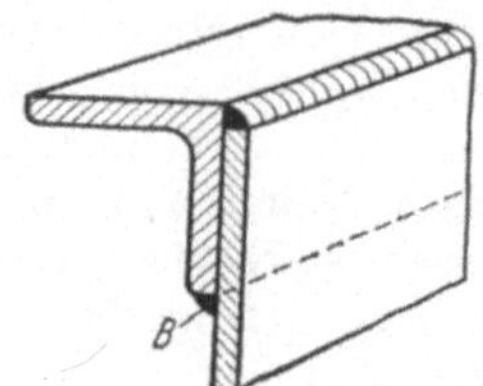

Abb. 31. Versteifung eines Bleches durch ein Winkeleisen. Kehlnaht B kann durchlaufend oder unterbrochen geschweißt werden

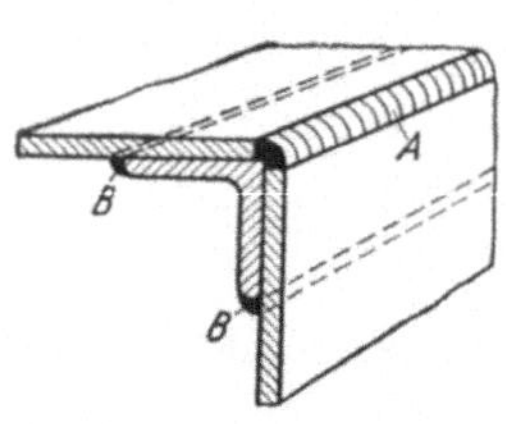

Abb. 32. Ecknaht A mit Verstärkung durch ein innen liegendes Winkeleisen. Die beiden Kehlnähte B werden durchlaufend oder unterbrochen geschweißt

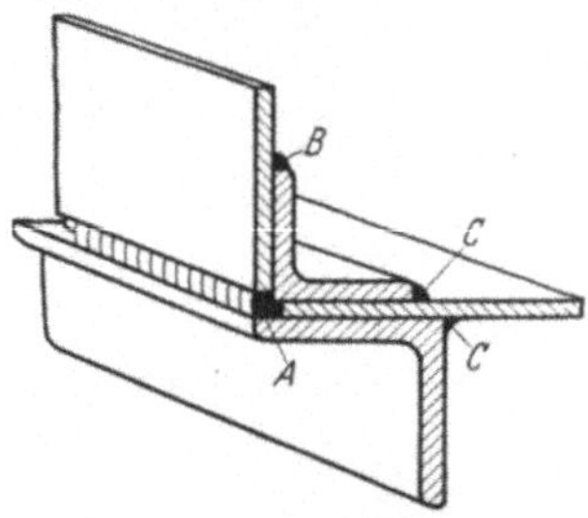

Abb. 33. Eckverbindung zweier Winkeleisen mit zwei Blechen durch eine Schweißnaht A (Mehrfachstoß). Kehlnaht B wird durchlaufend, die beiden Kehlnähte C werden unterbrochen geschweißt

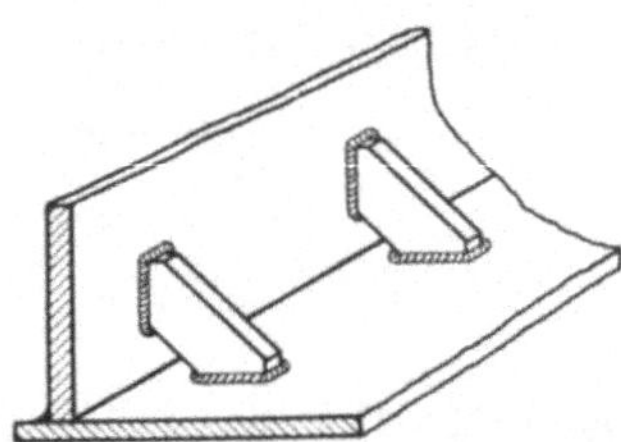

Abb. 34. Verstärkung einer einseitigen Kehlnaht durch Versteifungsbleche mit ausgesparten und abgestumpften Ecken. Die Enden der Versteifungsbleche werden rundherum geschweißt

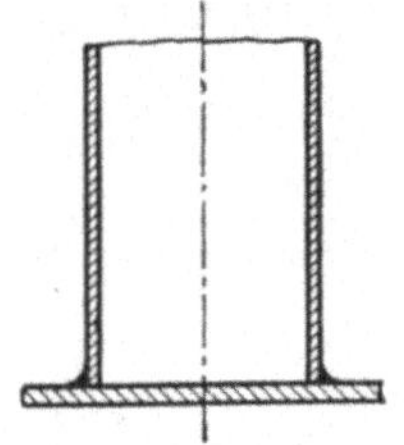

Abb. 35. Anschweißen eines Blindflansches an ein Rohr

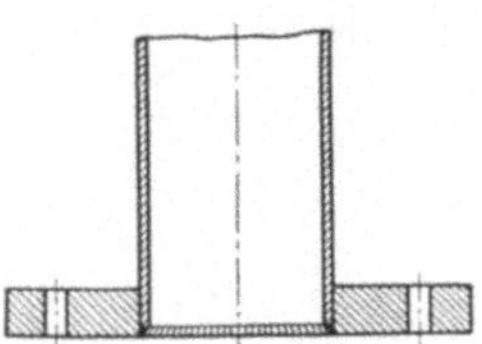

Abb. 36. Anschweißen eines Flansches an ein Rohr

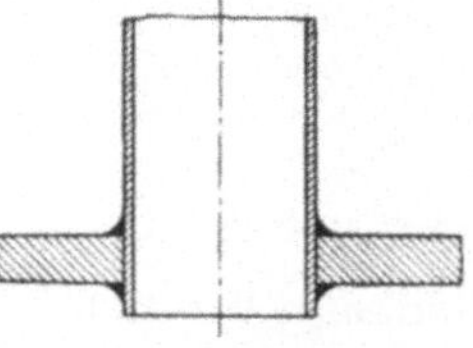

Abb. 37. Einschweißen eines Rohres in den Boden oder Mantel eines Gefäßes

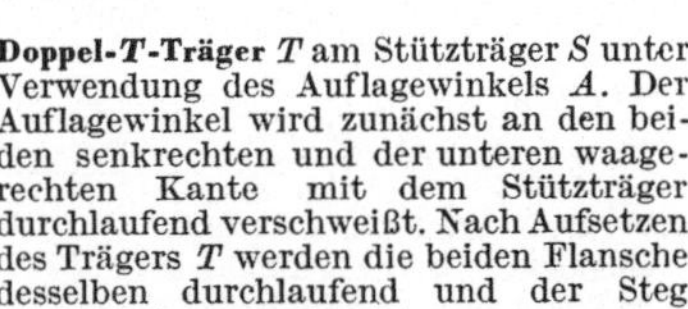

Konsole K für einfache Belastung am Stützträger S. Die Konsole wird entweder, wie in der Abbildung, aus einem Kopfblech und einem Stützblech geschweißt oder aus einem Trägerprofil herausgeschnitten. Die Kehlnaht ist am Kopfblech und am Stützblech rundherum durchlaufend zu schweißen

Doppel-T-Träger T am Stützträger S unter Verwendung des Auflagewinkels A. Der Auflagewinkel wird zunächst an den beiden senkrechten und der unteren waagerechten Kante mit dem Stützträger durchlaufend verschweißt. Nach Aufsetzen des Trägers T werden die beiden Flansche desselben durchlaufend und der Steg unterbrochen geschweißt

U-Eisen-Querträger U am Stützträger S. Die beiden senkrechten Kehlnähte, gestrichelt gezeichnet, werden durchlaufend geschweißt

Winkeleisenstrebe W am Stützträger S. Die beiden Kehlnähte am Winkeleisen werden durchlaufend geschweißt

Stützträger S an einer Grundplatte G für leichte Konstruktionen. Die Kehlnaht ist sowohl an den beiden Flanschen als auch am Steg des Stützträgers durchlaufend zu schweißen

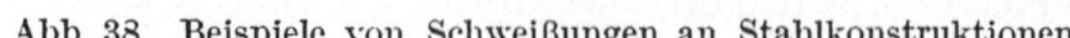

Abb. 38. Beispiele von Schweißungen an Stahlkonstruktionen

E. Schweißelektroden allgemein und zum Stahlschweißen

Die Mannigfaltigkeit der Elektrodenarten ist sehr groß. Deshalb muß man sie zur Vermeidung von Verwechselungen sehr sorgfältig kennzeichnen. In diesem Abschnitt werden außer Kohle- und Wolframelektroden nur die zum Stahlschweißen verwendeten Elektroden behandelt, diejenigen für Auftragschweißen sowie zum Schweißen von Grauguß und Nichteisenmetallen usw. in den betreffenden Abschnitten.

Die Elektroden sollen grundsätzlich sowohl in ihren mechanischen Gütewerten als auch in der Zusammensetzung mit dem Grundwerkstoff übereinstimmen. Vielfach jedoch, z. B. für Baustellenschweißungen, wählt man höherwertige Elektroden, als für den Grundwerkstoff nötig wären, um größere Sicherheit beim Schweißen in Zwangslagen und im Hinblick auf die bei Baustellenstößen auftretenden, nicht vorauszusehenden höheren Beanspruchungen zu haben.

Man soll nur mit trockenen und rostfreien Elektroden schweißen. Deshalb müssen alle Elektroden *trocken* gelagert werden. Aus feuchten Umhüllungen kommt Wasserdampf, der die Schweiße porös macht und sich in der Hitze des Lichtbogens spaltet, so daß Wasserstoff in das Schweißgut eindringt, der das Material versprödet und bei Stahl Flockenrisse (sog. Fischaugen) hervorruft [*12*].

19. Kohleelektroden bestehen ans Homogenkohle (Gefüge amorph, d. h. nicht kristallinisch) oder aus Graphitkohle (kristallinisch). Graphitkohle kann mit wesentlich größerer Stromstärke belastet werden. Beim Schweißen mit Gleichstrom legt man die Kohle an den *Minuspol.* Zum Vergleich: In einer Bogenlampe hat die dickere, bei + angeschlossene Kohle den leuchtenden Krater, wird heißer und brennt auch schneller ab als die am Minuspol angeschlossene, die deshalb dünner ist. Bei Anschluß am Pluspol würde auch leicht Kohlenstoff in die Schweiße übergehen. Schweißen mit Wechselstrom ist möglich, aber die Kohle brennt dabei nicht so gleichmäßig und spitz ab.

20. Wolframelektroden bestehen entweder aus reinem Wolfram, kenntlich am kugelförmigen Abschmelztropfen, oder sie enthalten 0,8 bis 1,2 % Thorium. Wolfram ist ein sehr hartes, graues Metall mit besonders hohem Schmelzpunkt (3400° C). Es wird für Glühlampenfäden und als Zusatz zu Stahl sowie für Schneidmetalle verwendet. Die thoriierten Wolframelektroden sind höher zu belasten, ihr Abbrand ist geringer. Handelsüblich sind Stärken von 0,5 bis 6,4 mm $\varnothing$ und Längen von 75 und 175 mm. Die Lebensdauer einer Elektrode von 175 mm Länge beträgt etwa 30 bzw. 40 Arbeitsstunden. Betr. Stromart und Polung s. Abschn. 1 c.

21. Elektroden für unlegierte und niedrig legierte[1] Stähle sind in DIN 1913, Bl. 1 genormt (Tabelle 3). Sie enthalten gewisse Bestandteile, die beim Schweißen verbrennen, in größerer Menge als der zu schweißende Grundwerkstoff. Bei den umhüllten Elektroden diente der Umhüllungsstoff ursprünglich nur zur Ionisierung der Luft und dadurch zum besseren Halten des Lichtbogens, auch bei Wechselstrom, sowie zum Schutze des abschmelzenden Werkstoffes durch die sich bildende Gashülle und Schlacke; heute sind ihm zusätzlich noch Aufgaben zugewiesen, die sich auf die Verbesserung des Schmelzbades, auf den Einbrand und auf den metallurgischen Schutz der Schweißfugenränder erstrecken. Hier kann aus dem Normblatt nur auszugsweise das Wesentlichste wiedergegeben werden; so sei auch, ergänzend zu Tabelle 3, noch zu den einzelnen Typen folgendes bemerkt:

a) *Nicht umhüllte Elektroden*: *Nackte Elektroden* sind gezogene oder gewalzte Schweißdrähte. Schweißeigenschaften durch fein verteilte, lichtbogenstabilisierende Schlacken bestimmt. Schmelzbad gegen die Atmosphäre nicht geschützt, nimmt Stickstoff und Sauerstoff auf. Hierdurch nur geringes Verformungsvermögen des Schweißgutes.

---

[1] Legieren = verschmelzen, mischen; legierte Stähle = Stähle mit Zusätzen.

Seelenelektroden sind rohrartig und enthalten als eingewalzte Füllung lichtbogenstabilisierende Stoffe. Sie gleichen äußerlich den nackten Elektroden und können wie diese ohne Schaden gebogen werden. Einfluß der Atmosphäre geringer als bei nackten Elektroden.

Tabelle 3. *Einteilung und Beschreibung der Elektroden zum Verbindungsschweißen von Stahl, unlegiert und niedrig legiert. Auszug aus der Beilage zu DIN 1913 Bl. 1. S. Fußnote zu Tabelle 2*

Kurz-zeichen	Typ	Stromart und Polung[1]	Schweiß-position (Abschn.15)	Schweißtechnische Handhabung	Gütemerkmale	Anwendbarkeit
O	Nackte Elektrode	G^-	alle außer Fallnaht	schwieriger als alle anderen Typen	geringes Verformungsvermögen	baut stark auf, geringe Wärmespannungen, wenig Verzug
OO	Seelen-Elektrode	G^-	alle außer Fallnaht	etwas leichter verschweißbar als nackte Elektroden	etwas höhere mechan. Gütewerte als nackte Elektroden	baut gut auf, geringe Wärmespannungen, wenig Verzug, besonders für Wurzellagen
Ti	Titandioxyd	G^- G^+ W	alle	mit steigender Umhüllungsdicke in *w*- u. *h*-Pos. leichter verschweißbar	gute mechanische Gütewerte, bei größerer Umhüllungsdicke zunehmend	vielseitig, auch bei geringer Anpaßarbeit, für schweißempfindliche Stähle; Dünnblechschw.
Es	Erzsauer	G^- G^+ W	*w, h, s*	desgl.	je nach Umhüllungsdicke u. -charakter gute bis sehr gute mechan. Gütewerte	Schweißunempf. Stähle, gute Anpaßarbeit erforderlich
Ox	Oxydisch	G^- W	*w*	leichte Handhabung	geringe mech. Gütewerte; starker Abbrand von Kohlenstoff und Mangan	unleg. Stähle mit niedr. Kohlenst.-Gehalt, schönes u. glattes Aussehen d. Schweißnähte; gute Anpaßarbeit erforderlich
Kb	Kalkbasisch	G^+	alle außer Fallnaht	einige Übung erforderlich, besonders beim An- u. Absetzen der Elektrode; Umhüllung nimmt leicht Feuchtigkeit auf	höhere mechan. Gütewerte als alle anderen Typen; geringer Gasgehalt, hohe Kerbschlagzähigkeit auch unter 0° C	dicke Abmessungen und starre Konstruktionen; Stähle mit höheren Kohlenstoff-Gehalten; für Thomasstahl
Ze	Zellulose	G^+ W	alle	leicht, da geringe Schlackenmenge; starke Rauchentwicklung	gute mechan. Gütewerte	für Zwangslagenschweißungen, geringe Anpaßarbeit
TfSo	Tiefeinbrand			überdick umhüllte Elektroden mit Umhüllungscharakter ähnlich Ti, Es oder Kb; Einbrand tief bis sehr tief; Spaltüberbrückbarkeit gering, Verschweißbarkeit nur waagerecht		
FeSo	Eisenpulver			Vgl. Seite 23 „Zu So"		

[1] G^- = Gleichstrom, Elektrode am Minuspol, G^+ = Elektrode am Pluspol, W = Wechselstrom.

Bei beiden geht der Werkstoff beim Schweißen in großen Tropfen über, Spaltüberbrückbarkeit daher sehr gut, auch bei geringer Anpaßarbeit anwendbar. Einbrand bei der nackten Elektrode flach, bei der Seelenelektrode mitteltief bis tief.

b) *Umhüllte Elektroden*: Umhüllung durch Tauchen oder Pressen aufgebracht, dünn, mitteldick oder sehr dick. Schweißnahtgütewerte von dem Charakter und der Dicke der Umhüllung abhängig. Dünnumhüllte Elektroden haben gegenüber Nacktdraht nur den Vorteil des leichteren Haltens des Lichtbogens, besonders bei Arbeiten mit Wechselstrom. Mitteldick und sehr dick umhüllte Elektroden heißen allgemein *Mantelelektroden*.

Als erster Anhalt für die Auswahl unter den Mantelelektroden kann gelten: Wenn nicht andere Gründe vorliegen, wird man für Überkopf- und Senkrechtschweißungen Titandioxydelektroden vorziehen, für besonders spannungs-, d. h. rißgefährdete Schweißungen kalkbasische und für sehr glatte Oberflächen erzsaure Elektroden.

Zu **Ti**: Umhüllung Hauptbestandteil Titandioxyd, dünn bis dick. Werkstoffübergang großtropfig bei dünner, feintropfig bei dicker Umhüllung, aber nicht so feintropfig wie bei Es. Schlacke porös, leicht entfernbar. Spaltüberbrückbarkeit der Tropfenform entsprechend sehr gut bis gut. Warmrißempfindlichkeit geringer als bei Es. Besonders für senkrechte und Überkopfschweißungen.

Zu **Es**: Schnell fließend, heißgehend, daher starke Schrumpfwirkung. Umhüllung, meist dick, enthält in Form von Erzen Eisenoxyde und Manganoxyde nebst sauerstoffentziehenden Bestandteilen, woraus eine saure eisenoxyd-manganoxyd-kieselsäurehaltige Schlacke entsteht, die leicht zu entfernen ist. Sehr glatte Oberfläche. Spaltüberbrückbarkeit mäßig. Bei nicht gut schweißbarem Grundwerkstoff leicht Warmrisse; Vorsicht bei Thomasstählen.

Zu **Ox**: Umhüllung gewöhnlich dick, Eisenoxyd nebst Zusätzen. Schlacke dicht, hebt sich von selbst ab. Spaltüberbrückbarkeit schlecht. Schweißgut besonders warmrißanfällig.

Zu **Kb**: Umhüllung hoher Gehalt an Kalzium- oder anderen Erdalkalikarbonaten und Flußspat, meist dick. Schlacke braun bis braunschwarz, nicht so leicht entfernbar. Gute Spaltüberbrückbarkeit. Schweißgut weitgehend frei von feinen Schlackeneinschlüssen, neigt nicht zur Bildung von Warm- oder Kaltrissen. Daher für spannungs- und rißgefährdete Schweißungen. Elektroden trocken lagern, möglichst vor Verwendung $^1/_2$ Std. bei 250° C trocknen.

Zu **Ze**: Umhüllung mehr als 10% verbrennbare, organische Stoffe, mitteldick. Werkstoffübergang mitteltropfig. Große Spritzverluste. Gute Spaltüberbrückbarkeit und guter Einbrand. Verformungsvermögen in der Schweißverbindung gut.

Zu **So:** Hierher gehören alle Elektroden, die nach Art, Umhüllung und Verwendung nicht in die Grundtypen (Ti bis Ze) eingeordnet werden können, also auch z. B. Unterwasser-Schweißelektroden, Schneidelektroden und Elektroden für das Elin-Hafergut-Verfahren.

Tiefeinbrandelektroden (TfSo) müssen folgender Bedingung genügen: Zwei Bleche, zweimal Elektroden-Kerndrahtdurchmesser dick, mit Kanten in I-Form, werden mit einem Spalt von höchstens 0,25 mm zusammengelegt. Beim Schweißen von beiden Seiten müssen sich die Einbrände so überschneiden, daß in der Blechmitte eine einwandfreie Naht ohne Fehlstelle entsteht. Umhüllung ist immer sehr dick.

Eisenpulverelektroden (FeSo) haben eine Ausbringung von über 120%, bezogen auf das abgeschmolzene Kerndrahtgewicht. Zum Beispiel Kehlnähte in einer Lage, wo sonst 2 Lagen nötig. Umhüllung immer sehr dick.

Sonderelektroden sind auch die Hochleistungselektroden, die auf Grund der Beschaffenheit und Dicke ihrer Umhüllung beim Schweißen mit dem Werkstück in unmittelbarer Berührung bleiben (*Kontaktelektroden*). Es gibt solche mit stromleitender Umhüllung, die beim Aufsetzen sofort zünden, und auch solche, bei denen erst ein Lichtbogen gezündet werden muß und die dann berührend verschweißt werden.

Der Schweißer muß sich bei jedem Elektrodenwechsel neu einarbeiten und braucht gewisse Zeit, bis er mit einer neuen Elektrode voll vertraut ist. Weitere Hinweise für die Verwendung der Elektroden siehe [*13*].

22. Elektroden für höher legierte Stähle. Schon unlegierte Stähle mit höherem Kohlenstoffgehalt als 0,25 bis 0,3% sind nicht gut zu schweißen, weil der Werkstoff neben der Schweißnaht, der sich stark erwärmt und dann durch Ableitung der Wärme in das Blech hinein schnell wieder abkühlt, ähnlich wie Werkzeugstahl beim Härten hart und spröde wird, so daß er beim Auftreten von Schrumpfspannungen bricht, statt dehnbar nachzugeben. Bei den höher legierten Stählen besteht die Schwierigkeit meistens darin, die Schweißfuge mit einem Werkstoff zu füllen, der die Festigkeitseigenschaften und die chemische oder sonstige Widerstandsfähigkeit wie der Grundwerkstoff und zugleich eine so große Dehnungsfähigkeit besitzt, daß er die beim Schweißen auftretenden Schrumpfspannungen dehnbar aufnehmen kann und sie dadurch abbaut, ohne daß in oder neben der Schweißnaht Risse entstehen. In vielen Fällen wird das Schweißen durch Anwärmen des Werkstückes erleichtert, auch ist häufig noch eine nachträgliche besondere Wärmebehandlung erforderlich. Als Beispiel seien die warmfesten Stähle für den neuzeitlichen Kesselbau und für Gasturbinenanlagen genannt [*14*].

Zur *Erläuterung* sei dazu noch bemerkt: Wird Stahl über seine Umwandlungsgrenze (Kohlenstoffstahl je nach Kohlenstoffgehalt rd. 900 bis 700° C, legierte Stähle bis rd. 1100° C und mehr) erwärmt, so entsteht ein *einheitliches Gefüge* aus Mischkristallen, das als *Austenit* bezeichnet wird. Kühlt man den Stahl rasch ab, so bestehen zwei Möglichkeiten:

Bei den sogenannten *ferritischen* Stählen wandelt sich der Austenit in ein Härtegefüge um, das aus verschiedenen Kristallarten besteht und dessen Zähigkeit und Dehnbarkeit gering ist. Der Grad der Härte hängt vom Kohlenstoffgehalt und den sonstigen Legierungsbestandteilen ab; man denke z. B. an Werkzeugstähle. Aber auch die weich und dehnbar bleibenden Baustähle gehören zu dieser Gruppe.

Bei den sogenannten *austenitischen* Stählen mit bestimmten Gehalten von Chrom, Nickel, Molybdän und anderen Legierungsmetallen bleibt beim Abschrecken das austenitische Kristallgefüge erhalten. Der abgekühlte Stahl ist bei hoher Festigkeit zäh und dehnbar. Daher sind *austenitische Elektroden* für viele Schweißarbeiten bei Stahlguß, bei hochfesten Werkstücken mit dicken Wandstärken sowie zum Schweißen bestimmter Arten von legierten Stählen geeignet. Ihre Anwendung erfordert Erfahrungen.

II. Anwendungen des Lichtbogenschweißens

A. Zünden, Halten und Führen der Elektrode

Das richtige Halten und Führen der Elektrode beeinflußt die Güte und das Gelingen einer Schweißung ebenso, wie die richtige Einstellung der Stromstärke. Man kann es nach schriftlichen Anleitungen allein nicht lernen, denn die allgemeinen Regeln erfahren in der Praxis öfter Änderungen. Der Anfänger muß die ersten, grundlegenden Kenntnisse durch den Besuch eines Schweißkurses oder durch Anlernen bei einem Lehrschweißer erwerben.

In den folgenden Abschnitten 23 bis 27 sind einige der wichtigsten grundsätzlichen Richtlinien angegeben, während in den Abschnitten 28 bis 31 dann noch besondere Angaben über das Schweißen mit Mantelelektroden gemacht werden.

Der Anfänger soll zu den unten genannten Übungen nur nackte Elektroden nehmen, auch wenn die ersten Versuche damit schwerer sind als mit Mantelelektroden, bei denen der Lichtbogen leichter zu halten ist. Nacktdraht wird für einfache Schweißungen, zumal Auftragarbeiten, immer noch vielfach verwendet. Schon aus diesem Grunde sollte der Anfänger sich mit solchen Elektroden eine gute Sicherheit und Fertigkeit aneignen, die ihm dann auch beim Schweißen mit Mantelelektroden sehr zustatten kommt.

23. Auftragschweißen in waagerechter Lage muß der angehende Schweißer als erstes am Schweißtisch üben. Er soll dabei sitzen, möglichst den rechten Ellenbogen leicht aufstützen und Elektroden 4 mm Durchmesser verwenden, da mit dünneren Elektroden das Zünden und Halten des Lichtbogens etwas schwieriger ist.

Bei *Gleichstrom* erfolgt das Zünden oder, wie man auch sagt, das Ziehen des Lichtbogens in der Regel durch „Tupfen". Hierbei berührt man mit der Elektrode stoßartig das Werkstück an der zu schweißenden Stelle und zieht sie im nächsten Augenblick wieder etwas zurück, wodurch der Lichtbogen entsteht. Der Lichtbogen soll möglichst kurz gehalten werden.

Bei *Wechselstrom* geschieht das Zünden zumeist durch „Streichen", ähnlich wie beim Anzünden eines Streichholzes. Die Zündungsübungen sind so lange fortzusetzen, bis der Schweißer in der Lage ist, den Lichtbogen rasch und sicher an der gewünschten Stelle zu ziehen.

Das *Halten* der Elektrode beim *Auftragschweißen* muß in zwei Richtungen erfolgen: *quer* und *längs* der Schweißrichtung.

1. *Quer zur Schweißrichtung* (Abb. 39, Pfeil *A*) wird bei der *ersten* Raupe die Elektrode E_1 senkrecht gehalten. Von vorne gesehen steht die Elektrode E_1 in diesem Falle also senkrecht zum Blech. Diese Haltung der Elektrode E_1 quer zur Schweißrichtung darf während des Schweißens nicht geändert werden, damit ein genügender Einbrand erreicht wird.

2. *Längs der Schweißrichtung* (Abb. 40, Pfeil *B*) wird die Elektrode E_1 so stark gegen das Blech geneigt, daß der Lichtbogen immer auf jene Seite gerichtet ist, an der eine innige Verbindung der abschmelzenden Elektrode mit dem Werkstück stattfinden muß. Wenn aber bei dieser Haltung der Elektrode der Lichtbogen dennoch stark auf die Raupe zurückbläst, dann ist die Elektrode E_1 in die entgegengesetzte Richtung zu neigen, also gegen den Anfang der Raupe zu, oder mit anderen Worten: die Neigung der Elektrode E_1 in der Schweißrichtung muß der jeweils auftretenden Blaswirkung des Lichtbogens entsprechend geändert werden (vgl. Abschn. 13).

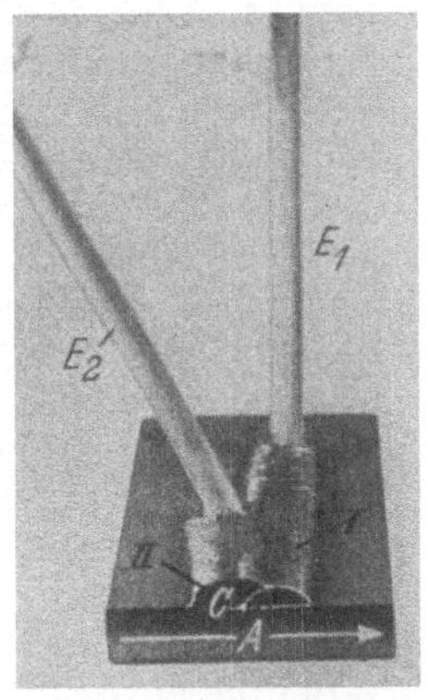

Abb. 39. Halten der Elektrode quer zur Schweißrichtung

Der angehende Schweißer soll bei den Anfangsübungen die Neigung der Elektrode nach der einen oder der anderen Richtung ab und zu ändern. Dabei lernt er sehr bald nicht nur das Blasen des Lichtbogens kennen, sondern gleichzeitig auch das richtige Halten der Elektrode in der Schweißrichtung.

Die Elektrode E_1 ist bei den ersten Schweißübungen nur strichförmig, also ohne seitliche Bewegung, zu führen. Die Raupe wird dabei ziemlich schmal ausfallen. Im Anfang soll stets *von links nach rechts* geschweißt werden.

Ist der Schweißer so weit, daß er eine Raupe, ohne kleben zu bleiben, strichförmig legen kann, dann versucht er, die erste Raupe pendelnd zu schweißen. Die Abb. 41 zeigt die erste Lage einer Schweißraupe und die Linien geben die Führung der Elektrode an, die angewendet wurde. Die Pendelbewegung darf zwecks Erzielung eines gleichmäßig guten Einbrandes nicht zu rasch erfolgen.

Verfügt der Schweißer über genügende Sicherheit im Halten und Führen der Elektrode beim Schweißen der ersten Raupe, so beginnt er mit dem Schweißen der *Raupe II* (Abb. 39 u. 40). Die Haltung der Elektrode E_2 quer zur Schweißrichtung erfährt gegenüber jener der Elektrode E_1 eine Änderung insofern, als sie

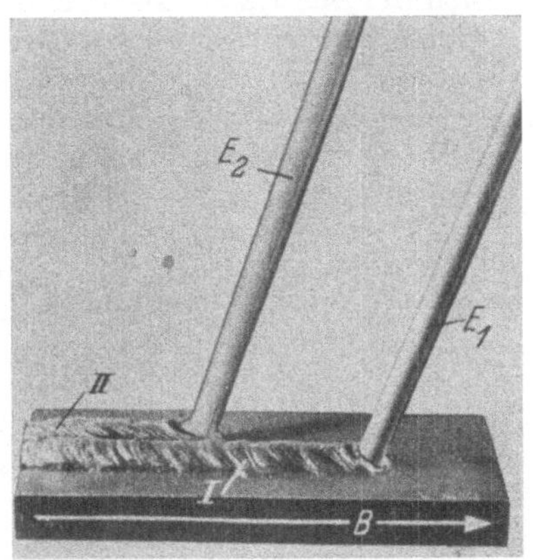

Abb. 40. Halten der Elektrode längs der Schweißrichtung

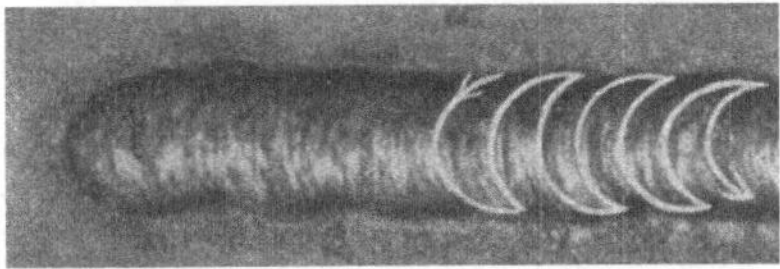

Abb. 41. Schweißraupe mit Pendelführung

schräg gegen die erste Raupe gestellt wird. Die Schrägstellung hängt von der Höhe der ersten Raupe ab. Je höher diese aufgetragen wurde, desto schräger muß die Elektrode E_2 gehalten werden, damit auch an der Stelle *C* ein genügender Einbrand erreicht wird. — Im übrigen ist die schräge Haltung der Elektrode E_2 auch aus den im Kap. III, Abb. 109, angegebenen Gründen erforderlich.

Hinsichtlich des Haltens der Elektrode E_2 in der Längsrichtung der Schweißraupe gelten die bereits für das Legen der ersten Raupe angegebenen Maßnahmen zur Ablenkung der Blasrichtung. Ebenso wird die Elektrode E_2 in der bereits für das Schweißen der ersten Raupe ausführlich beschriebenen Weise geführt, also entweder strichförmig oder pendelnd. — Bei den anschließenden Raupen sind diese Angaben sinngemäß zu beachten.

Hat der Anfänger Sicherheit und Fertigkeit im Legen der Raupen von *links nach rechts* erlangt, so wird das Schweißen von *rechts nach links, vom Körper weg* und schließlich *auf den Körper zu* geübt. Außerdem muß der Anfänger noch das richtige Unterbrechen und wieder Fortsetzen des Schweißens lernen. Wird die Elektrode senkrecht abgezogen, so entsteht im *Endkrater* — wie man diese Stelle der Raupe nennt — eine größere Vertiefung, die aber vermieden werden soll. Man zieht die Elektrode in der Schweißrichtung leicht ab, ungefähr so, als ob man von der Elektrodenspitze etwas abstreifen wollte. Dann versucht man, die Elektrode nicht in der Schweißrichtung, sondern quer zu dieser in derselben Weise abzuziehen. Beide Arten der Unterbrechung des Lichtbogens sind richtig. Beim Weiterschweißen zündet man den Lichtbogen kurz *vor* dem Endkrater auf der Schweißnaht, wodurch ein einwandfreies Verschmelzen mit der bereits gezogenen Raupe ohne sichtbare Anschlußstelle erreicht wird.

Bei diesen Schweißübungen soll der Anfänger außerdem gleich lernen, nur mit möglichst kurzem Lichtbogen zu schweißen und den Einbrand, Schmelz- und Schlackenfluß stets aufmerksam zu beobachten. Durch gutes Beobachten prüft sich der Schweißer selbst und kann somit, wenn etwa die eingestellte Stromstärke nicht die richtige sein sollte, sofort die Reglerstellung an der Schweißmaschine ändern, wodurch er einer fehlerhaften Arbeit vorbeugt.

Alle diese Arbeiten muß der angehende Schweißer einwandfrei ausführen können, da die Schweißverbindungen, wie Stumpfnaht und Kehlnaht, sich nach den Grundregeln für das Auftragschweißen aufbauen.

24. Stumpfnaht. a) *Stumpfnaht in nur einer Lage.* Die Elektrode wird genau so gehalten wie bei der ersten Raupe der Auftragschweißung (Abb. 42). Sie wird

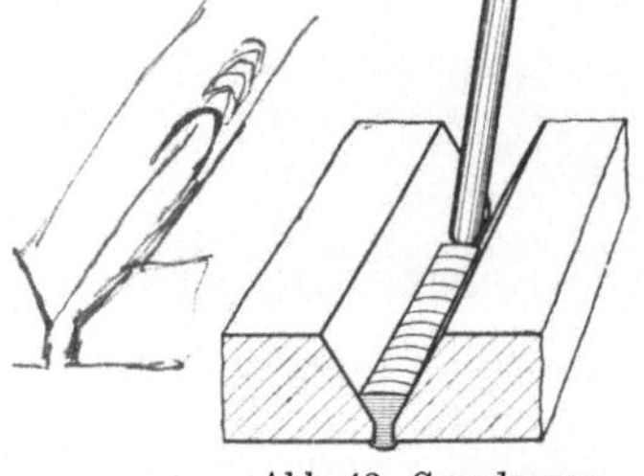

strichförmig geführt, ohne seitliche Bewegung. Hierbei ist besonders darauf zu achten, daß der ganze Querschnitt der Schweißfuge gut durchgeschweißt wird, um schädliche Kerbwirkungen zu vermeiden, wenn nötig, unter Verwendung einer Unterlage aus Kupfer.

Hierzu sei bemerkt, daß Seelendrähte einen tiefen Einbrand haben. Die Wurzelnähte sind daher bei richtiger Schweißung mit Seelendrähten kerbenfrei.

Abb. 42. Stumpfnaht in nur einer Lage

b) Stumpfnaht in *mehreren* Lagen, z. B. *Dreilagenschweißung.* Das einwandfreie Legen der Grundraupe in eine V-Fuge bereitet den meisten Anfängern die größten Schwierigkeiten, die nur durch wiederholte Übungen überwunden werden können. — Beim Legen der *Grundraupe* (Abb. 43) ist das Halten und strichförmige Führen dasselbe wie bei der Stumpfnaht in nur einer Lage. Wichtig ist hierbei, daß die Nahtwurzel sorgfältig durchgeschweißt wird, da sonst entlang der Schweißnaht Kerben entstehen, die, wie schon wiederholt betont, die Festigkeit der Naht bedeutend verringern. Da der Abstand der Bleche in der Wurzel meist

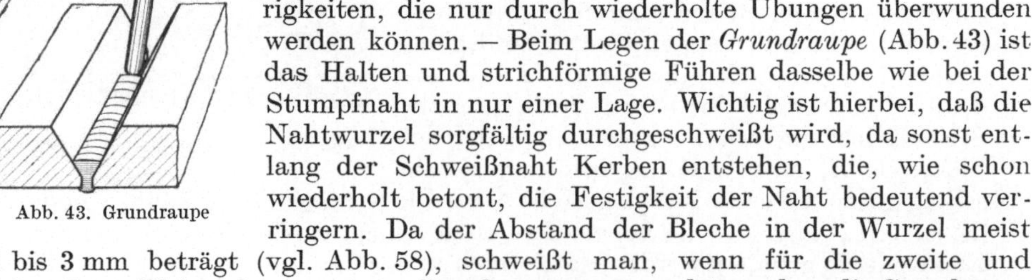

Abb. 43. Grundraupe

2 bis 3 mm beträgt (vgl. Abb. 58), schweißt man, wenn für die zweite und dritte Lage Elektroden von 4 mm Durchmesser verwendet werden, die Grundraupe mit einer Elektrode von 3,25 mm Durchmesser, ohne aber die Stromstärke

wesentlich herabzusetzen. Die Grundraupe wird im Vergleich zu den folgenden Schweißlagen etwas rascher gezogen. Bei der höheren Strombelastung wird eine dünnere Elektrode sehr bald glühend, weshalb man mit halben Elektroden schweißt. Man darf nicht vergessen, daß eine glühend gewordene Elektrode immer eine poröse, mithin unbrauchbare Schweiße ergibt.

Beim Schweißen der *zweiten Lage* (Abb. 44) hält man die Elektrode genau so wie bei der Grundraupe. Die Elektrode wird jedoch nicht strichförmig, sondern pendelnd geführt, um einen genügenden Einbrand auch an den Rändern zu erzielen, was besonders wichtig ist.

Beim Schweißen der *Deckraupe* (Abb. 45) wird die Elektrode so gehalten und geführt wie bei der zweiten Lage, wobei durch die etwas langsamer auszuführende Pendelbewegung ein guter Einbrand und ein allmählich verlaufender Übergang an den oberen Rändern der Schweißfuge erreicht werden muß. Die Naht soll nur mäßig überhöht sein.

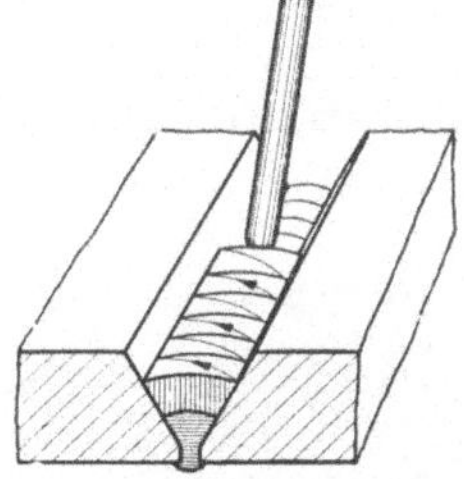

Abb. 44. Zweite Lage

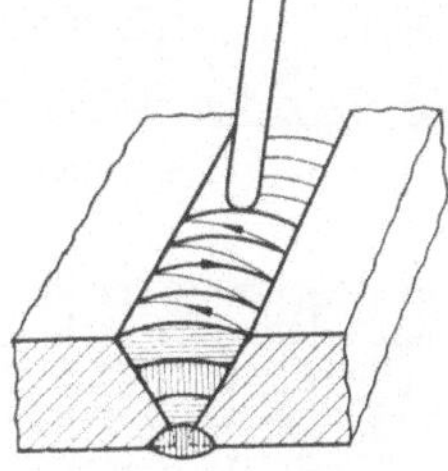

Abb. 45. Deckraupe und nachgeschweißte Nahtwurzel

Wenn das Werkstück von der Wurzelseite aus zugänglich ist, soll die *Wurzellage* stets *nachgeschweißt* werden. Ein bloßes Auflegen einer Lage auf die Wurzelseite ist falsch, weil dadurch die Güte der Naht nicht erhöht, sondern bei vorhandenen Schlackeneinschlüssen, wie sie bei Verwendung von Mantelelektroden vorkommen können, vielmehr herabgesetzt wird. — Die Wurzel ist daher mit einem Meißel, wie er zum Auskreuzen von Schmiernuten an Lagerschalen Verwendung findet, auf einige Millimeter Tiefe auszukreuzen, und erst dann ist diese Mulde auszufüllen. Ein neuzeitliches Hilfsmittel zum „Ausbrennen" der Nahtwurzel ist der nach Art eines Schneidbrenners gebaute „Fugenhobler". Die nachgeschweißte Nahtwurzel ist in Abb. 45 angedeutet.

Ist jedoch ein Nachschweißen auf der Wurzelseite nicht möglich, so muß man die Wurzelraupe mit ganz besonderer Sorgfalt legen. Um ganz sicher zu gehen, kann man, wenn es die Art des Werkstückes zuläßt, einen dünnen Streifen aus Stahlblech als Unterlage verwenden, der dann gleichzeitig mit dem Werkstück verschweißt wird. In einem solchen Falle wird der Abstand der Bleche an der Nahtwurzel etwas größer als sonst üblich gewählt.

25. Kehlnaht. Die Elektrode ist beim *überlappten* Stoß *quer* zur Schweißrichtung so zu halten, wie Abb. 46 zeigt, damit nicht nur an beiden Flanken der Kehlnaht, sondern auch in der Spitze der Naht ein gleichmäßig guter Einbrand erzielt wird.

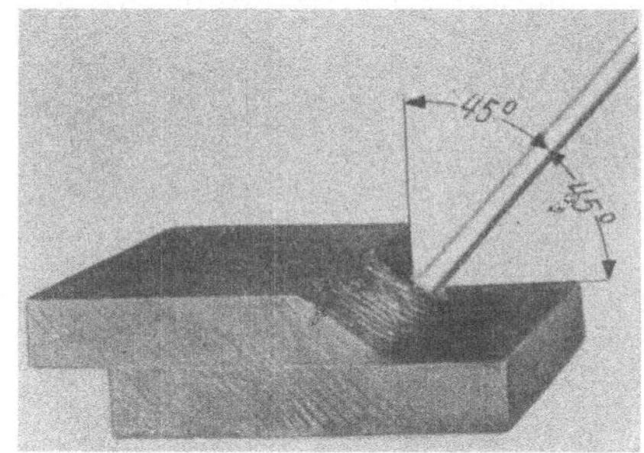

Abb. 46. Überlappter Stoß

In der *Längsrichtung* der Kehlnaht muß man die Elektrode so halten, daß durch ihre Neigung das störende Blasen des Lichtbogens abgeschwächt wird. Zum leichteren Verständnis der richtigen Elektrodenhaltung soll der Anfänger nachstehenden Schweißversuch an einem überlappten Stoß, wie in der Abb. 47 dargestellt, machen.

Zwei Flacheisen, je etwa 50 × 10 mm und 200 mm lang, werden so auf den Schweißtisch gelegt, daß sie einen überlappten Stoß bilden. Nimmt man statt einer Stahlelektrode eine Kohleelektrode (an den Minuspol anzuschließen), so ist die wechselnde Richtung des Lichtbogens am deutlichsten zu beobachten, weil, wie schon früher erwähnt, der Kohlelichtbogen länger gezogen werden kann und auch ruhiger brennt. Bei A tritt ein sehr starkes Blasen des Lichtbogens vom Ende des überlappten Stoßes gegen die Mitte zu auf. Je mehr man sich von A gegen B nähert, desto schwächer wird die Blaswirkung, die in der Mitte bei B sich nicht mehr zeigt. Von B aus gegen C tritt das Blasen wieder in verstärktem Maße auf, und zwar diesmal von C in der Richtung nach der Mitte B. Gegen das Ende der Kehlnaht zu wird der Lichtbogen immer unruhiger, er beginnt außerordentlich stark zu flackern.

Abb. 47. Blasrichtungen des Lichtbogens

Abb. 48. Halten der Elektrode zur Vermeidung des Blasens

Der Lichtbogen bläst von beiden Enden des Stoßes gegen die Mitte zu. Damit er stets auf jene Stelle gerichtet ist, an der eine gute Verschmelzung erzielt werden soll, erfordert die wechselnde Blaswirkung das in der Abb. 48 ersichtliche Halten der Elektrode:

1. Zur Erzielung eines genügenden Einbrandes gleich am Anfang der Kehlnaht bei A muß die Elektrode sehr stark in der Schweißrichtung, also gegen die Mitte zu, geneigt werden. Die Neigung soll so stark sein, daß der Lichtbogen beim Zünden um die Kante des Stoßes herumschlägt.

2. Die anfangs sehr starke Neigung der Elektrode geht dann allmählich in die senkrechte Haltung bei B über, da in der Mitte eine störende Blaswirkung sich nicht mehr bemerkbar macht.

3. Wird gegen das Ende der Naht bei C weitergeschweißt, dann muß die Elektrode wieder nach innen, in der Richtung nach B, geneigt werden.

Bei den verschiedenen Neigungen der Elektrode muß jedoch die Elektrodenhaltung quer zur Schweißrichtung (Abb. 46) stets beibehalten werden.

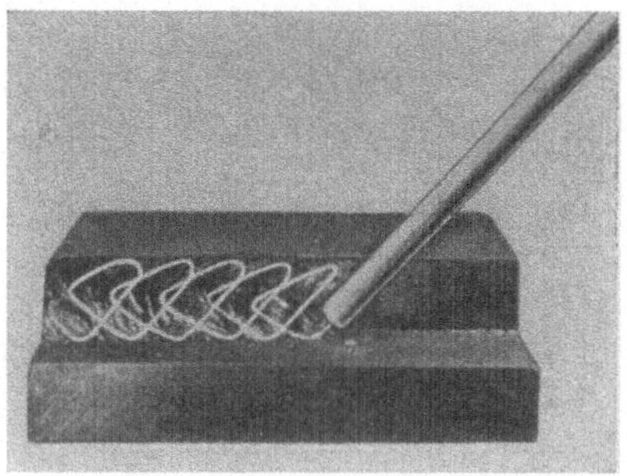

Abb. 49. Dreieckartige Führung der Elektrode

Abb. 50. T-Stoß

Man führt die Elektrode bei dünnen Kehlnähten *strichförmig*, bei dickeren Kehlnähten in nur einer Lage zumeist *dreieckartig* (Abb. 49). Auf Grund vorstehender Regeln für das Schweißen des *überlappten* Stoßes wird der Anfänger den bei Stahlkonstruktionen so vielfach angewendeten *T-Stoß* (Abb. 50) ohne weiteres schweißen können, da hierfür grundsätzlich die gleichen Richtlinien gelten.

26. Senkrechtschweißen. Bei starken Blechen schweißt man *Kehl- und Stumpf-nähte* stets von unten nach oben. Schwächere Bleche werden jedoch von oben nach unten geschweißt. Bezüglich des Haltens der Elektrode, sowohl quer zur Schweißrichtung als auch längs, sind die für die Kehlnaht im vorigen Abschnitt angegebenen allgemeinen Richtlinien beim Senkrechtschweißen sinngemäß anzuwenden.

Abb. 51. Halten der Elektrode beim Senkrechtschweißen

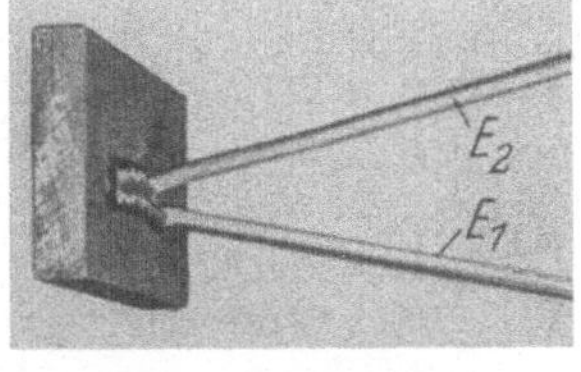

Abb. 52. Querhaltung an senkrechter Wand

Abb. 51 zeigt die Neigung der Elektrode längs der Schweißrichtung, um das von A und C nach der Mitte B zu auftretende Blasen des Lichtbogens abzuschwächen und überall einen guten Einbrand zu erzielen.

Für das *Auftragschweißen an senkrechter Wand* zeigt Abb. 52 das Halten der Elektrode E_1 — erste Raupe — und E_2 —

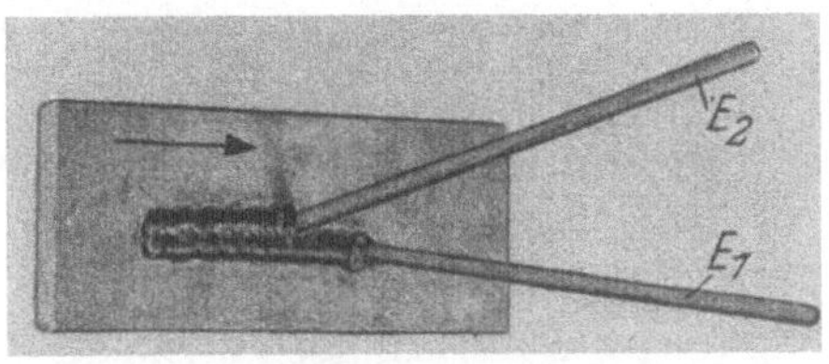

Abb. 53. Längshaltung an senkrechter Wand

zweite Raupe — quer zur Schweißrichtung, und Abb. 53 die Elektrodenhaltung längs der Schweißrichtung.

27. Überkopfschweißen. Je nach der Lage des T-Stoßes ist die Elektrode quer zur Schweißrichtung nach Abb. 54 oder 55 zu halten. Beim Schweißen von Stumpfnähten kommt die Elektrodenhaltung nach Abb. 42 in Betracht.

Längs der Schweißrichtung ist die Elektrode stets so zu halten, daß durch ihre Neigung die nach der Mitte der Naht zu auftretende Blaswirkung abgeschwächt wird. Die für die Kehl-naht im Abschnitt 25 ge-machten ausführlichen Angaben hinsichtlich der Ablenkung des Licht-bogens in die gewünschte Richtung sind demnach auch beim Überkopf-schweißen zu beachten.

Beim Überkopf-Auf-tragschweißen ist das Halten der Elektroden E_1 — erste Raupe — und E_2 — zweite Raupe —

Abb. 54. Querhaltung über Kopf

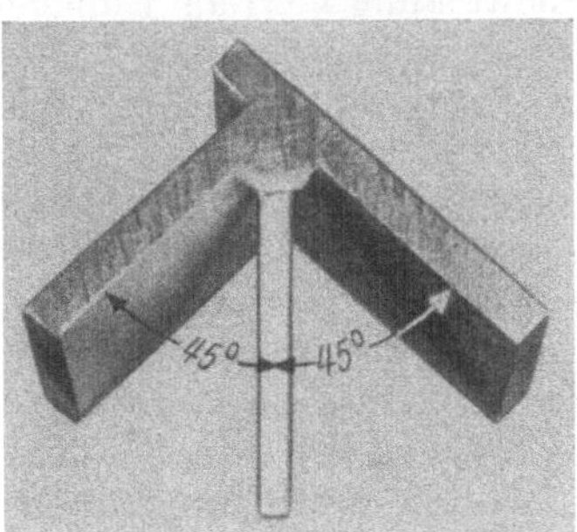

Abb. 55. Querhaltung über Kopf

quer zur Schweißrichtung aus der Abb. 56 und längs der Schweißrichtung aus Abb. 57 ersichtlich. Erfordert schon das Senkrechtschweißen eine gewisse Fertigkeit, so ist diese beim Überkopfschweißen in viel größerem Maße erforderlich. Der *Licht-bogen* ist bei allen Überkopfschweißungen, gleichgültig, ob es sich um eine Kehlnaht-, Stumpfnaht- oder Auftragschweißung handelt, immer möglichst kurz zu halten. Wichtig ist es auch, daß der Schweißer beim Überkopfschweißen nach Tunlichkeit eine *bequeme Stellung* einnimmt. Er soll, wo immer es angeht, hierbei sitzen und den Arm nicht frei halten, sondern aufstützen, da er sonst in kurzer Zeit ermüdet.

Es gibt verschiedene Arten der *Elektrodenführung*. Für die erste Raupe ist die strichförmige und für die folgenden Raupen die pendelnde Führung, die aber sehr gleichmäßig sein muß, zu empfehlen. Diese Führungsarten sind einfach und haben sich in der Praxis bewährt.

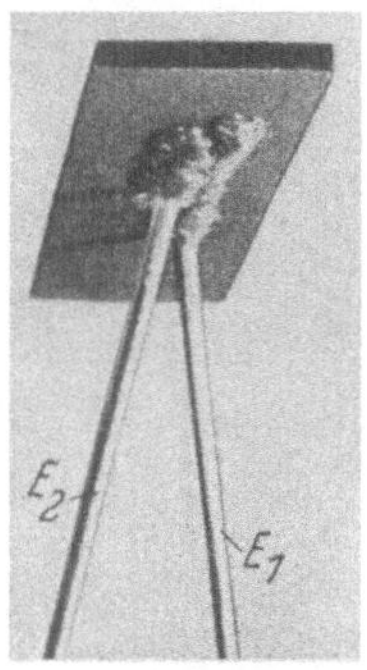
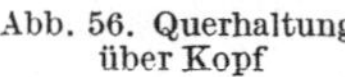

Abb. 56. Querhaltung über Kopf

Abb. 57. Langshaltung über Kopf

Halten und Führen von Mantelelektroden

28. Mehrlagenschweißung einer Stumpfnaht in waagerechter Lage. Beim Legen der Grundraupe drückt man die Elektrode so weit in die V-Fuge (vgl. Abb. 43), daß die Umhüllung beide Schrägkanten fast berührt, wodurch bei sonst richtigem Halten und Neigen der Elektrode in der Längsrichtung das Vorlaufen der Schlacke und somit die Bildung von Einschlüssen verhindert wird. Die Elektrode wird strichförmig geführt. Der Anfänger soll — möglichst unter Anleitung — das Legen der Grundraupe an Blechabfällen fleißig üben und erst nach Erlangung genügender Sicherheit im Schweißen der Wurzellage an die Werkstücke herangehen.

Gegenüber dem Schweißen mit nackten Elektroden werden die einzelnen Lagen mit Mantelelektroden stets dünner aufgetragen, so daß ihre Anzahl eine Erhöhung erfährt. Dabei führt man die Elektrode meist pendelnd, um einen guten Einbrand an den Rändern der Schweißfuge zu erreichen. Die Deckraupe soll nur wenig überhöht sein. Die Angaben im Abschnitt 24 über das Nachschweißen der Grundraupe von der Wurzelseite aus gelten auch hier.

29. Kehlnahtschweißung eines T-Stoßes. Diese überaus häufig vorkommende Schweißung wird als Einlagen- oder als Mehrlagenschweißung ausgeführt. Der Anfänger soll hierbei nur in der *Wannenlage* schweißen, bei der beide Bleche des T-Stoßes unter 45° gegen die Waagerechte geneigt liegen. Erst nach Erreichen einer gewissen Fertigkeit sollen diese Übungen in der *Zwangslage*, bei der das eine Blech waagerecht liegt und das zweite Blech senkrecht darauf steht, fortgesetzt werden. Ganz besonders wichtig ist beim Schweißen sowohl in der Wannen- als auch in der Zwangslage, daß durch richtiges Halten und Neigen der Elektrode in der Längsrichtung der Naht das Vorlaufen der Schlacke verhindert und somit in der Spitze der Naht ein einwandfreies Verschmelzen erzielt wird. Bei Mehrlagenschweißung wird die Elektrode ebenfalls strichförmig geführt.

30. Schweißen von Stumpf- und Kehlnähten in senkrechter Lage (vgl. Abschnitt 36). Man kann von oben nach unten oder von unten nach oben schweißen. Das Halten der Elektrode entspricht in beiden Fällen der Stellung *B* in Abb. 51, wobei der Lichtbogen so kurz wie möglich zu halten ist.

Von *oben nach unten* muß die Elektrode ziemlich rasch gezogen werden. Das Schweißen von *unten nach oben* hat den Vorteil einer sehr guten Verschmelzung in der Nahtwurzel. Es ist einfach und gewährleistet einen einwandfreien Wurzeleinbrand. Man führt die Elektrode bei der Grundraupe nur strichförmig ein kleines Stück ziemlich rasch nach aufwärts und dann wieder etwas langsamer nach abwärts, d. h. die Führung besteht in einer stetigen durch kurze Entfernungen begrenzten Auf- und Abwärtsbewegung der Elektrode. Die weiteren Lagen schweißt man bei Einhalten eines möglichst kurzen Lichtbogens ebenfalls von unten nach oben. Das

Führen der Elektrode ist hierbei pendelnd, wobei an den beiden Schrägkanten die Bewegung zwecks guten Einbrandes etwas verlangsamt wird. Die Elektrode muß so gehalten werden, daß die leichtflüssige Schlacke sich auf das aufgetragene Material legt.

Der Aufbau der Naht in senkrechter Lage ist gar nicht so schwierig, vorausgesetzt, daß die Grundraupe einwandfrei geschweißt wurde. Kann die Grundraupe bei einer Stumpfnaht von der Wurzelseite aus nachgeschweißt werden, so sind die im Abschnitt 24 angeführten Angaben zu beachten.

31. Überkopfschweißen von Stumpf- und Kehlnähten. Das Überkopfschweißen stellt an den Schweißer die höchsten Anforderungen hinsichtlich Fertigkeit, besonders bei der Stumpfnaht. Gehalten wird die Elektrode wie aus den Abb. 54 u. 55 ersichtlich. Bei Kehlnähten führt man die Elektrode immer strichförmig, bei Stumpfnähten die Grundraupe strichförmig und die folgenden Lagen pendelnd. Zur Erzielung guter Ergebnisse muß der Lichtbogen möglichst kurz und gleichmäßig gehalten werden.

B. Schweißen von Stahl und Stahlguß

32. Übersicht über die Eisensorten. Ausgangsmaterial ist das im Hochofen aus Erzen gewonnene weiße oder graue *Roheisen*, dessen Kohlenstoffgehalt 1,7% übersteigt und das weder schmiedbar noch schweißbar ist. Aus dem *weißen Roheisen* (Kohlenstoff infolge höheren Mangangehaltes chemisch gebunden) gewinnt man die verschiedenen Stähle und auch den Temperguß sowie das weiße Gußeisen (Hartguß). Aus dem *grauen* Roheisen (Kohlenstoff teilweise infolge höheren Siliziumgehaltes als Graphit ausgeschieden, daher in der Bruchfläche die graue Farbe), stellt man durch reinigendes Umschmelzen graues Gußeisen, den *Grauguß*, her.

a) Unter *Stahl* versteht man nach DIN 17006 alle schmiedbaren Eisensorten (Kohlenstoffgehalt unter 1,7%). Nach der Ofenart, die durch Umschmelzen des Roheisens unter Verbrennung des Kohlenstoffs und Beseitigung der unerwünschten Beimengungen und Verunreinigungen zur Stahlerzeugung verwendet wird, spricht man von Siemens-Martin-Stahl, Bessemerstahl (aus phosphorfreiem Roheisen, kommt in Deutschland kaum vor), Thomasstahl, Tiegelstahl und Elektrostahl. Das Bessemer- und das Thomasverfahren sind sogenannte Windfrischverfahren. Der *gewöhnliche* Thomasstahl ist sprödbruchempfindlich und kommt nur für einfache Beanspruchungen in Frage. Für mittlere und hohe Beanspruchungen gibt es daneben einen windgefrischten *Sonderstahl*, der eigens für Schweißzwecke hergestellt wird. Zu schweißen sind hauptsächlich der S-M-Stahl und der windgefrischte Sonderstahl. Der Stahl wird entweder unberuhigt vergossen (in die Blockform), d. h. noch brausend infolge Sauerstoff- bzw. Luftgehaltes, wie er aus dem S-M-Ofen oder der Thomasbirne kommt, oder beruhigt, nachdem durch Zufügung von Reduktionsmitteln, z. B. Aluminium oder Silizium, und Abstehenlassen die chemischen Vorgänge in der flüssigen Masse beendet sind. Für hochwertige Schweißkonstruktionen wird beruhigt vergossener Stahl, in welchem die unvermeidlichen Verunreinigungen fein verteilt und daher unschädlich sind, dem unberuhigt vergossenen, der sogenannte Seigerungen (Ausscheidungen) enthält, vorgezogen. Nach der Zusammensetzung unterscheidet man:

1. *Unlegierte Stähle* (gewöhnliche Kohlenstoffstähle). Je höher der Kohlenstoffgehalt, desto fester und härter ist der Stahl, aber auch desto weniger zäh und dehnbar. Stahl hat bei ungefähr 75% seiner Festigkeit eine sogenannte *Fließgrenze*. Wird sie überschritten, so verformt er sich bleibend (plastisch), d. h. er wird gereckt, gestaucht, krumm gebogen oder verdreht, bricht aber nicht und bekommt auch keine Risse, solange diese Verformung innerhalb seiner Dehnungsfähigkeit liegt. Unterhalb der Fließgrenze ist die Verformung elastisch. Am besten zu schweißen ist der ganz weiche Stahl mit geringem Kohlenstoffgehalt, weil er beim Schweißen infolge seiner guten Dehnbarkeit den entstehenden Spannungen besser nachgeben kann, ohne daß Risse entstehen, z. B. Maschinenbaustähle nach DIN 1611 und Kesselbleche nach DIN 17155. Die Fließgrenze heißt bei Zugbeanspruchung „Streckgrenze".

2. *Legierte Stähle.* Zusammensetzungen und Eigenschaften sind im Hinblick auf den Verwendungszweck genormt, z. B. Vergütungsstähle (DIN 17200), nichtrostende Stähle (DIN 17224), warmfeste Stähle (DIN 17225) usw. Auch einige Kesselblechsorten (DIN 17155) sind legiert. Für das Schweißen legierter Stähle sind stets die besonderen Vorschriften der Lieferfirmen zu beachten, wie z. B. über das Anwärmen des Werkstückes beim Schweißen und die zu verwendenden Elektroden (Abschn. 22).

Die sogenannten *Edelstähle* verdanken ihre — nicht genormte — Bezeichnung der besonderen Sorgfalt, die bei ihrer Erzeugung auf das Einbringen möglichst reiner Rohstoffe und auf deren Verarbeitung verwendet wird. Es sind sowohl Kohlenstoffstähle als auch vor allem legierte Stähle zur Herstellung von Werkzeugen, Federn, hochwertigen Konstruktionsteilen u. dgl.

b) *Stahlguß* oder *Stahlformguß* (DIN 1681) wird in gleicher Weise aus weißem Roheisen gewonnen wie der *Flußstahl* (DIN 1606), aber dann in die nach Modell hergestellte Form gegossen, so daß er unmittelbar seine endgültige Gestalt als Maschinenteil oder dgl. erhält, während man den Flußstahl in Blockformen (Kokillen) gießt und nach dem Erstarren als Blöcke oder Brammen durch Schmieden oder Walzen weiterverarbeitet. Dadurch wird sein Gefüge verbessert, aber die grundlegenden Eigenschaften, wie Schmiedbarkeit und Schweißbarkeit, sind bei Flußstahl und Stahlguß gleicher Zusammensetzung dieselben. Die weiter folgenden Ausführungen über Stahl gelten also auch sinngemäß für Stahlguß.

c) *Temperguß* (DIN 1692) wird wie Stahlguß in Formen gegossen und ist nach dem Erkalten zunächst noch dem Ausgangsmaterial (weißes Roheisen) ähnlich. Die Rohgußstücke unterzieht man dann einer vielstündigen Glühbehandlung, bei der ihnen durch Sauerstoff abgebende Packungen oder Gase der größte Teil ihres Kohlenstoffs entzogen wird. So entsteht der in Deutschland gebräuchliche „weiße Temperguß", der eine Zugfestigkeit von 40 bis 45 kg/mm² und eine Dehnung von rd. 5% besitzt, so daß er bis zu gewissem Grade ähnlich wie Stahl ohne Risse kalt verformt werden kann. Beim „schwarzen Temperguß" wird der Kohlenstoff nicht entzogen, sondern durch die Glühbehandlung aus der chemischen Bindung mit dem Eisen gelöst und in sogenannte Temperkohle verwandelt, die in das vom Kohlenstoff weitgehend befreite stahlartige Gefüge des Werkstückes eingebettet ist und seiner Bruchfläche die dunkle Farbe gibt. Verbindend zwischen beiden steht der in der Landmaschinen-Industrie angewendete Schwarzkernguß. Beide Tempergußarten können mit dem elektrischen Lichtbogen kalt geschweißt werden [15].

33. Die Vorbereitung der zu schweißenden Teile muß sehr sorgfältig sein, weil sonst das Gelingen der Schweißung in Frage gestellt ist. Rost- und Ölrückstände, Zunder, auch vom Brennschnitt, sonstige Verunreinigungen, Anstriche und Feuchtigkeit, sind vor dem Schweißen gründlich zu entfernen, eine Arbeit, die kein Schweißer versäumen darf. Weiter gehören zur Vorbereitung das Herrichten der *Schweißfuge*, das *Zusammenpassen* der einzelnen Teile und schließlich das *Heften* oder das Einspannen in geeignete *Vorrichtungen*. Fehler, die durch nicht sachgemäßes Vorbereiten entstanden sind, können beim Schweißen nicht behoben werden.

Bei *Stumpfnähten* ist es besonders wichtig, die Kanten möglichst genau abzuschrägen und die Spaltweite nicht größer, als zum Durchschweißen der Wurzellage

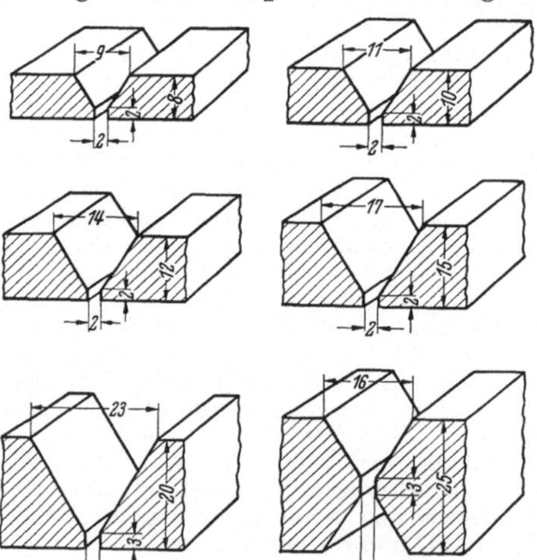

Abb. 58. Abschrägen der Blechkanten (Beispiele)

erforderlich ist, einzuhalten. Bei Einlagenschweißung von Blechen mit 3 bis 5 mm Dicke werden die Kanten nicht abgeschrägt, die Spaltweite beträgt 1 bis 2 mm. Diese Bleche müssen besonders genau zugerichtet sein. Damit Bleche bis 4 mm Dicke nicht so leicht durchgebrannt werden, unterlegt man die Naht zweckmäßig mit einem Kupferstreifen.

Bleche von 6 bis 20 mm Dicke erfordern beim Schweißen in der Wannenlage, also waagerecht, und beim Senkrechtschweißen eine Kantenabschrägung in V- oder Y-Form mit einem Öffnungswinkel von 60° (Abb. 58). Beim Überkopfschweißen soll der Fugenwinkel jedoch 70° betragen. Die Kantenvorbereitung mit X-Fuge wird bei Blechdicken über 16 mm angewendet, wenn die Naht von beiden Seiten zugänglich ist. Geschweißt wird dabei in senkrechter Lage, der Öffnungswinkel beträgt 70°. Die X-Fuge hat zwar geringeren Querschnitt, also geringeres Schweißvolumen als die V-Fuge, ist aber spannungsmäßig nicht günstig. Man bevorzugt deshalb mehr und mehr auch bei größeren Wanddicken die Y- oder U-Fuge [13].

DIN 8551 Bl. 1 enthält die zu bevorzugenden *Abmessungen* für die Schweißnahtformen beim Lichtbogenschweißen von Hand.

Die Kantenabschrägung wird entweder auf Werkzeugmaschinen oder, einfacher und schneller, durch Brennschneiden vorgenommen. Dabei ist der maschinell geführte Schneidbrenner dem Handschneidbrenner vorzuziehen, weil er genauer und sauberer arbeitet. Bei kurzen Nähten, z. B. zum Schweißen von Rissen an Druckgefäßen, werden die Schweißkanten durch Schleifen oder Auskreuzen zugerichtet.

Bei sehr großen Wanddicken, z. B. im Großmaschinen- und Kesselbau, wählt man Nahtfugen, die möglichst wenig Schweißgut aufnehmen. Günstig ist für große Wanddicken die U- oder Tulpenfuge, weil sie erstens eine besonders gute Zugänglichkeit zum Schweißen der Wurzellage ermöglicht und zweitens einen verhältnismäßig kleinen Querschnitt hat. Die Blechkanten müssen dafür allerdings auf einer Werkzeugmaschine bearbeitet werden, weil die U-Form der Kanten durch Brennschneiden nicht hergestellt werden kann. Man muß sie hobeln, fräsen oder bei Rundnähten drehen.

34. Die Ausführung des Stahlschweißens. Bleche bis 5 mm Dicke schweißt man stumpf mit einer Lage, dickere Bleche mit mehreren Lagen. Man schweißt die Wurzellage meist mit Elektroden von 3,25 mm und die weiteren Lagen einschließlich der Decklage bei V-Nähten mit Elektroden von 4 bis 5 bis 6 mm, bei X-Nähten mit solchen von 4 mm Drahtdurchmesser. Die Anzahl der Lagen beträgt für Bleche von 6 bis 20 mm Dicke bei V-Nähten 2 bis 6, für Bleche über 16 mm Dicke bei X-Nähten 4 bis 5. Mit Sonderelektroden (Type So, Abschnitt 21) werden auch über 5 mm dicke Bleche mit *einer* Lage geschweißt.

Die Reihenfolge der einzelnen Schweißraupen bei *Mehrlagenschweißung* in der *Wannenlage* zeigt Abb. 59. Dabei ist stets die Nachrechtsschweißung, also von links nach rechts vorzuziehen. Bei Verwendung stärker umhüllter Elektroden wird die Raupe durch eine *Schlackenschicht* vor allzu raschem Abkühlen infolge Strahlung geschützt. Die Schlacke ist vor dem Auflegen der folgenden Raupen, nachdem sie

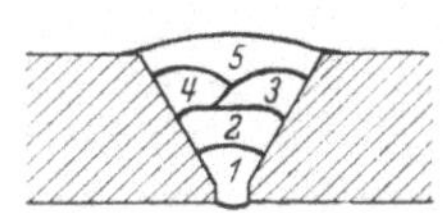

Abb. 59. Lage der Raupen

Abb. 60. Stumpfschweißung, 12-mm-Bleche, in drei Lagen, mit dünn umhüllten Elektroden

sich abgekühlt hat, mit Spitzhammer und Drahtbürste zu entfernen. Nach Unterbrechung des Schweißens, z. B. wegen Elektrodenwechsel, muß erst der *Endkrater* aufgeschweißt werden (s. Abschnitt 23).

Abb. 60 zeigt eine Stumpfnahtschweißung mit *dünn umhüllten* Elektroden: Wurzellage mit 3,25 mm, 2. Lage und Decklage mit 4 mm. Zum Vergleich ist in

Abb. 61. Wie Abb. 60, aber mit Mantelelektroden

Abb. 61 dieselbe Stumpfschweißung mit *Mantelelektroden* wiedergegeben, gleichfalls mit 3,25 bzw. 4 mm Kerndrahtdurchmesser. Man erkennt die glatte Oberfläche der Deckraupe und den allmählich verlaufenden Übergang an den Kanten der

Schweißfuge. Mit Rücksicht auf die größere Wärmezufuhr ist bei Verwendung von Mantelelektroden darauf zu achten, daß man sofort eine Schweißpause einlegt, wenn das Werkstück beginnt, *dunkelrotwarm* zu werden.

Der Anfänger soll sich bemühen, durch Einhalten der Lichtbogenlänge (Abschnitt 10) Raupen mit möglichst glatter Oberfläche zu legen. Je mehr Unebenheiten die Oberfläche einer Raupe aufweist, desto schwieriger und zeitraubender ist die *Schlacke* zu entfernen. In Einbrandkerben haftet die Schlacke besonders fest. Die Elektroden weisen mehr oder weniger Spritzverluste, die nicht zu vermeiden sind, auf. Kommen diese aus verbranntem Eisen bestehenden *Metallspritzer* in die Schweiße, verschlechtern sie das Gefüge. Deshalb sind die Spritzer an den Flanken der Schweißfuge restlos zu entfernen.

Die Mehrlagenschweißung hat gegenüber der Schweißung in nur einer Lage den Vorteil, daß durch die oberen Lagen ein Nachglühen der unteren Schweißraupen erfolgt, wobei eine Vergütung der Schweißnaht eintritt. Betr. Schrumpfspannungen s. Abschnitt 12.

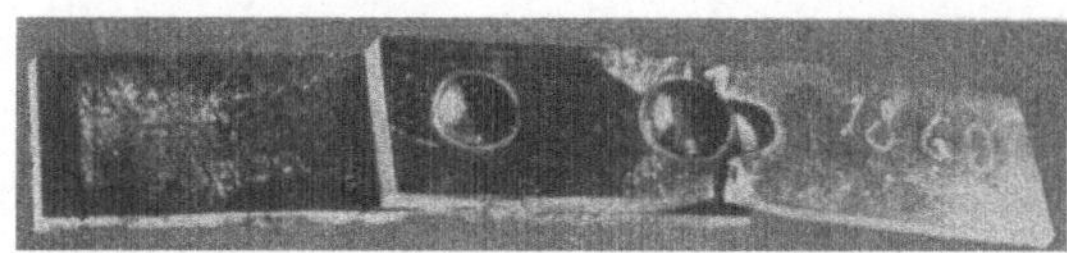

Abb. 62. Zugversuch mit einer Nietverbindung

Abb. 63. Zugversuch mit einer Schweißverbindung

Eine fachgemäß ausgeführte *Stumpfnahtschweißung* ist der *Nietung* sowohl an *Festigkeit* als auch durch *Ersparnisse* an Werkstoff und Arbeitszeit überlegen. Die Nietverbindung Abb. 62. Blechstärke 60 × 10 mm. ist bereits bei einer Zugbeanspruchung von 18 600 kg gerissen. Dagegen wurde die Stumpfschweißung Abb. 63 vom gleichen Werkstoffquerschnitt 60 × 10 mm, mit 21 700 kg belastet, mithin um 3100 kg mehr als die Nietverbindung, ohne zu reißen. Die beiderseits der Naht hervorgerufene Einschnürung ist deutlich zu erkennen.

35. Schweißungen in waagerechter Lage. Beim Schweißen eines T-Stoßes (Abb.64) ist darauf zu achten. daß die Bleche gut aufeinander passen. Die Einlagenschweißung

Abb. 64. Doppelseitige Kehlnahtschweißung.
12-mm-Bleche, geschweißt mit Mantelelektrode

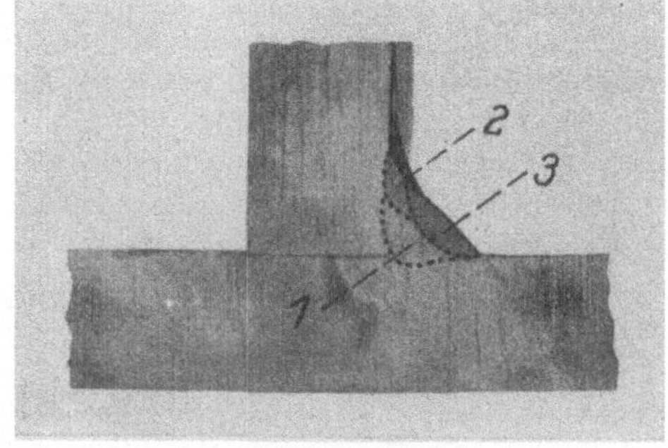

Abb. 65. Reihenfolge der Lagen bei der
Dreilagenschweißung

des T-Stoßes kommt wohl am häufigsten vor. Die Reihenfolge der Lagen bei einer Dreilagenschweißung ist aus Abb. 65 u. 66 ersichtlich. Sowohl die Wurzellage *1* als auch die beiden Decklagen *2* und *3* an 13 mm starken Blechen wurden mit einer

Mantelelektrode von 4 mm Durchmesser geschweißt. Bei sachgemäßer Ausführung soll die Dreilagennaht die Form eines gleichschenkligen Dreiecks haben.

Damit der Anfänger seine Sicherheit beim Schweißen von Kehlnähten selbst prüfen kann, soll er 2 *Proben* nach Abb. 67 unter Benützung einer Mantelelektrode von 4 mm Durchmesser für höhere Beanspruchung durchführen: Die erste Probe in der *Wannenlage* bedeutet eine ganz wesentliche Erleichterung für das einwandfreie Schweißen in der Wurzel. Die beiden Bleche sollen rd. 8 bis 10 mm stark, 150 bis 200 mm lang und 80 bis 100 mm breit sein. Sie müssen in der Kehle ohne Zwischenraum aneinanderliegen. Zerschlagen wird die Probe dann, wie durch Pfeil angedeutet. Bei einer guten Schweißprobe soll der Bruch nicht neben, sondern in der Schweißraupe über die ganze Länge der Kehlnaht erfolgen und die Bruchfläche darf weder Poren noch Schlackeneinschlüsse zeigen. Auch dürfen keine Einbrandkerben vorhanden sein. Entspricht die Probe diesen Anforderungen, dann ist dieselbe, jedoch schwierigere Schweißung in der *Zwangslage* (ein Blech waagerecht) durchzuführen. Zum Schweißen von Kehlnähten in der Wannenlage sowie zu Auftragarbeiten an kurzen Wellen ist eine *Vorrichtung* aus Winkeleisen 60 × 60 × 6 mm sehr zweckmäßig (Abb. 68).

Wenn Bleche verschiedener Dicke geschweißt werden, ist der Lichtbogen stets mehr auf das stärkere Blech zu richten, da dieses zur Erzielung einer guten Verschmelzung eine größere Wärmemenge erfordert.

Ein weiteres Beispiel, Abb. 69 u. 70, zeigt die größere Festigkeit und die Einfachheit der Schweißverbindung gegenüber der Nietung. Die Nietverbindung wurde bei

Abb. 66. Kehlnahtschweißung in drei Lagen

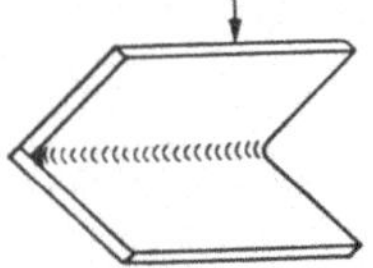

Abb. 67. Bruchprobe einer Kehlnaht

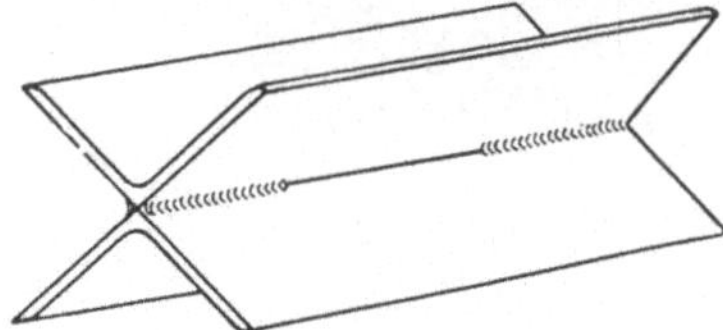

Abb. 68. Hilfsvorrichtung

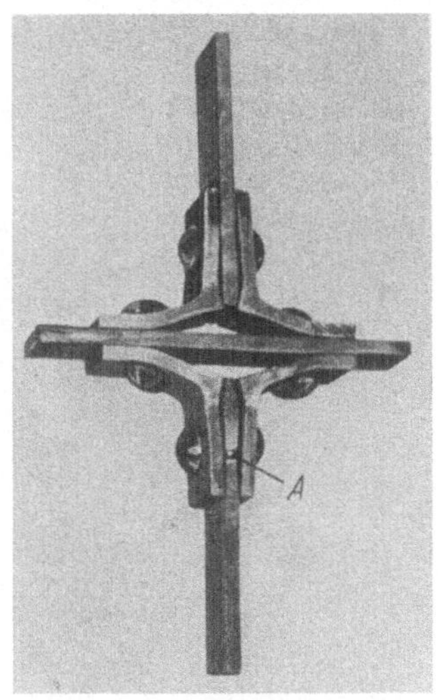

Abb. 69. Verformte Nietverbindung.
A = Riß

Abb. 70. Schweißverbindung

einer Zugkraft von 17 500 kg sehr stark verformt und ist bei A gerissen. Die Schweißverbindung hingegen konnte bei einer um 3700 kg höheren Belastung von 21 200 kg nicht zerstört werden. Bei beiden Kreuzstoßverbindungen betrug der Werkstoffquerschnitt 60×10 mm².

36. Senkrechtschweißungen (vgl. Abschnitt 30). Kommen beim Schweißen in senkrechter Lage nur *dünne* Nähte in Frage, so ist es zweckmäßig, *von oben nach unten* zu schweißen. Die Abb. 71 zeigt die Schweißung einer Kehlnaht in drei Lagen an 10 mm starken Blechen. Die Wurzellage *1* sowie die übrigen beiden Lagen *2* und *3* wurden mit Mantelelektroden von 2,5 mm Kerndrahtdurchmesser und einer Stromstärke von 120 Ampere geschweißt. Wie aus Abb. 72 ersichtlich, ist die Naht

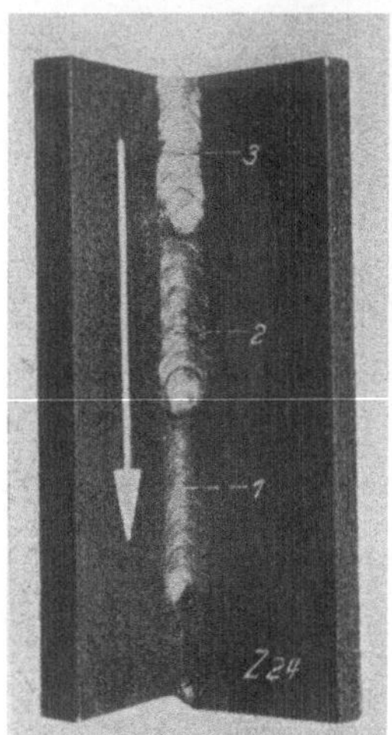

Abb. 71. Kehlnahtschweißung in senkrechter Lage von oben nach unten

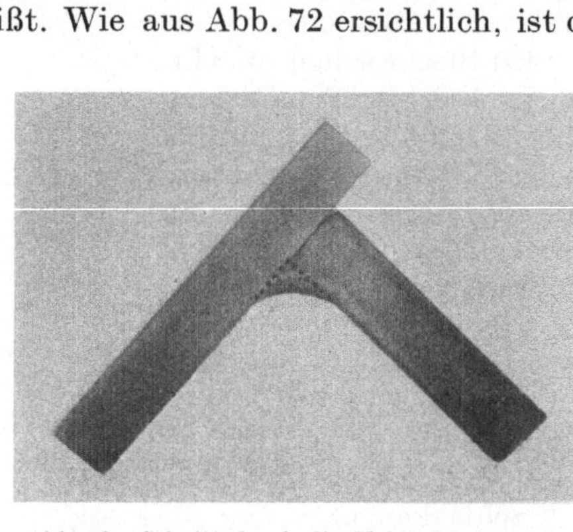

Abb. 72. Schnitt durch die Kehlnaht Abb. 71

ziemlich breit, aber trotzdem sehr gleichmäßig. Weiter hat sie die Form einer leichten Hohlkehle mit einem allmählich verlaufenden Übergang zu den Blechen.

Bei *starken* Blechen schweißt man Stumpf- und Kehlnähte *von unten nach oben*. Den Aufbau einer Ecknaht an 14 mm starken Blechen in 3 Lagen veranschaulicht die Abb. 73. Die Wurzellage *1* und die

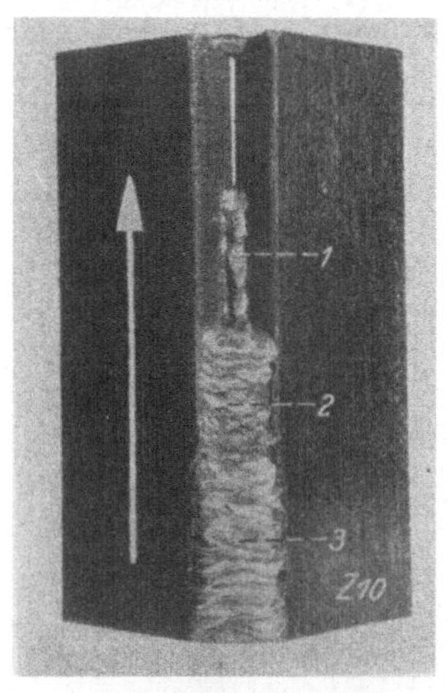

Abb. 73. Aufbau einer Ecknaht von unten nach oben

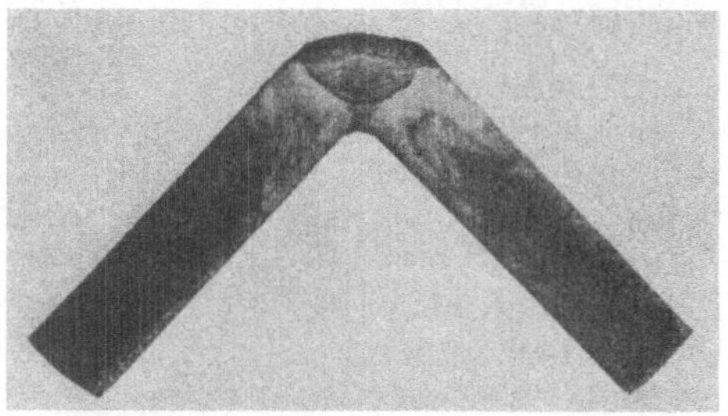

Abb. 74. Schnitt durch die Ecknaht Abb. 73

Lage *3* wurden mit Mantelelektroden von 2,5 mm Durchmesser und die Lage *2* mit solchen von 3.25 mm geschweißt. Die Stromstärke betrug bei der 1. und 3. Lage 80 Ampere und bei der 2. Lage 105 bis 110 Ampere.

Im Gegensatz zum Schweißen von oben nach unten, wobei der größte Teil der Schlacke dauernd nach unten tropft, legt sich beim Schweißen von unten nach oben die Schlacke auf die Naht. Die Form der Naht ist, wie die Abb. 74 zeigt, nach außen gewölbt, was bei Ecknähten sehr erwünscht ist. Sie ist aber nicht so glatt wie beim Schweißen von oben nach unten.

Wenn *hoch beanspruchte* Nähte *von unten nach oben* geschweißt werden, ist es vorteilhaft, die *oberste Lage von oben nach unten* zu legen, wodurch eine glatte Oberfläche der Naht mit einem gut verlaufenden Übergang zu den Blechen entsteht. Eine Mehrlagenschweißung einer Kehlnaht in dieser Ausführungsart veranschaulicht die Abb. 75. Der untere Teil „*A*“ zeigt die charakteristischen Merkmale der Nahtoberfläche beim Schweißen von unten nach oben. Bei dem Teil „*B*“ wurde die oberste Lage von oben nach unten geschweißt.

Zusammenfassung (vgl. Abschnitt 30):

dünne Nähte: von oben nach unten — Stromstärke höher als bei waagerechtem Schweißen;

starke Nähte: von unten nach oben — Stromstärke geringer als bei waagerechtem Schweißen — eventuell oberste Lage von oben nach unten.

Für beide Ausführungsarten:

Halten der Elektrode: sowohl bei der Wurzellage als auch bei den übrigen Lagen senkrecht zur Naht.

Führen der Elektrode: bei der Wurzellage strichförmig und bei den übrigen Lagen pendelnd.

Lichtbogen stets so kurz wie möglich halten und nur solche Elektroden verwenden, die für derartige Schweißungen geeignet sind.

Werden diese Maßnahmen nicht beachtet, dann wird vor allem kein einwandfreier Wurzeleinbrand erzielt und außerdem besteht die Gefahr der Schlackeneinschlüsse, wodurch die Naht unbrauchbar wird.

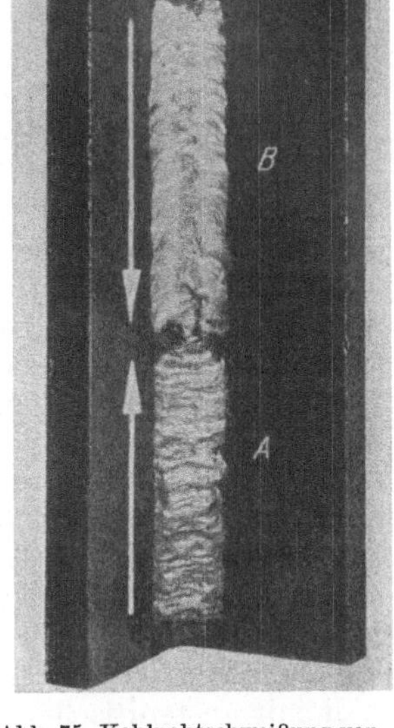

Abb. 75. Kehlnahtschweißung von unten nach oben mit oberster Lage von oben nach unten

37. Überlappstoß (Abb. 76). Die Tabelle 4 gibt Anhaltswerte für die Breite der Überlappung. Jedenfalls soll man die Überlappung nicht breiter wählen als nötig ist, da sonst zuviel Werkstoff verbraucht wird. Beiläufig sei hier bemerkt, daß eine Konstruktion mit Stumpfstoß wegen günstigeren Kraftflusses vorteilhafter ist als mit Überlappstoß.

Tabelle 4

Blechstärke S in mm	Überlappung B in mm
5⋯10	20⋯30
10⋯15	30⋯50
15⋯20	50⋯70

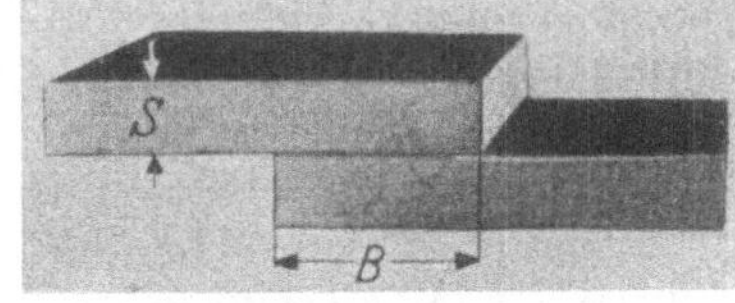

Abb. 76. Überlappung

38. Verschiedenes. Vor dem Verschweißen von *Rissen* sind die Schweißfugen entsprechend auszukreuzen, und zwar so tief, bis der Span sich nicht mehr teilt. Risse, die man mit freiem Auge nicht wahrnehmen kann, nennt man Haarrisse. Der Verlauf solcher *Haarrisse* läßt sich in einfacher Weise wie folgt feststellen:

Zunächst werden Unreinigkeiten im Bereiche der mutmaßlichen Risse mit Schaber, Bürste usw. entfernt. Sodann trägt man reichlich Petroleum auf und läßt dieses einige Zeit in die Risse eindringen, worauf das überschüssige Petroleum wieder sauber abgewischt wird. Nun wird eine Mischung aus Schlämmkreide und Brennspiritus angerührt und dieser nicht zu dicke Brei aufgestrichen. Der Brennspiritus verdunstet ziemlich rasch, die Schlämmkreide trocknet ein und saugt das in den Haarriß eingedrungene Petroleum auf, wodurch der Verlauf des Risses in Form eines fettigen Streifens deutlich zum Vorschein kommt.

Bei einzuschweißenden oder überlappt aufzuschweißenden *Flicken* dürfen die Ecken niemals scharf sein, sondern müssen stets gut abgerundet werden.

Sind an einem Werkstück Schäden, wie Risse, Brüche vorhanden, deren Ursache in der *Ermüdung des Werkstoffes* liegt, so führt eine Schweißung zu keinem Erfolge, da — obwohl der geschweißte Riß oder Bruch hält — neue Schäden schon nach kurzer Zeit an anderen Stellen auftreten.

Aufgerissene *Heftnähte* dürfen nicht überschweißt werden, sondern sind vorher zu entfernen, weil der vorhandene Anriß im Grunde der Schweiße weitergeht und früher oder später zum offenen Riß führt.

Auf einem *warmen* Werkstück ist der Lichtbogen viel ruhiger zu halten und ein besserer Fluß zu beobachten als auf einem kalten Werkstück.

39. Stahlgußschweißen. Für *unlegierten* Stahlguß gelten sinngemäß die für das Stahlschweißen gegebenen Anleitungen. In den meisten Fällen handelt es sich um das Ausfüllen von Lunkerstellen oder das Schweißen von Rissen. Aus Lunkerstellen müssen vorher alle Verunreinigungen, z. B. Formsand, durch Auskreuzen restlos entfernt werden, sonst kann die Schweißung nicht gelingen. Risse sind vorzubereiten wie die Schweißfugen beim Stahlschweißen (Abschn. 33). Wird die V-Fuge mit dem Schneidbrenner hergerichtet, so ist vor dem Schweißen der Zunder zu beseitigen, am besten durch Schleifen. Verbindungsschweißungen zwischen Stahl und Stahlguß sind einwandfrei möglich.

Bei neueren Dampfturbinen werden gegossene Teile durch Schweißen verbunden, z. B. Düsenkästen eingeschweißt und Ventilgehäuse angeschweißt, die früher angeschraubt oder mit angegossen wurden, teilweise hochwertiger austenitischer Stahlguß. Dabei muß das Schrumpfen der Schweißnaht durch die Art der Konstruktion erleichtert werden. Die Elektroden müssen so beschaffen sein, daß sie eine weitgehend rißunempfindliche Schweiße ergeben. *Niedrig legierter* Stahlguß läßt sich kalt mit austenitischen Elektroden schweißen. Bei ausreichend hohem Anwärmen kann *höher legierter* Stahlguß mit legierten ferritischen Elektroden geschweißt werden. Für thermisch und mechanisch hoch beanspruchte Turbinenteile werden ferritische Elektroden gleicher Zusammensetzung wie der Grundwerkstoff den austenitischen Elektroden vorgezogen.

C. Auftragschweißen

40. Bearbeitbare Auftragschweißungen, z. B. an abgenutzten Wellen und anderen Maschinenteilen, die nachher spanabhebend durch Drehen, Hobeln usw. bearbeitet werden. Um Wellen und Zapfen darf man auf keinen Fall die Schweißraupen als Ringe herumlegen, weil deren Schrumpfung Bruchgefahr hervorruft (Abb. 110). Die Raupen sind in Achsrichtung zu legen in der durch Abb. 77 angegebenen Reihenfolge. Mit Rücksicht auf die nachherige Bearbeitung müssen sie gleichmäßig hoch und gut anschließend an die vorhergehenden aufgetragen werden. Vor Auftragen einer zweiten Schweißlage ist die Schlacke sorgfältig zu entfernen.

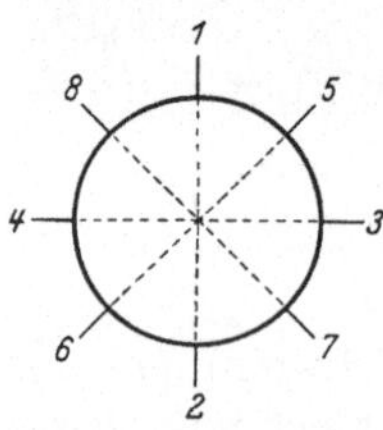

Abb. 77. Reihenfolge der Raupen beim Auftragschweißen an Wellen

Ein anderes Beispiel sind die Kleeblätter an Kupplungswalzen, bei denen nicht mehr Material aufgetragen werden darf als eben fehlt. Dadurch wird ein Abschleifen der Schweiße vermieden, das die oberste Lage mit der größten Haltbarkeit beseitigen würde. Beim Schweißen wird die Höhe der Auftragung ständig mit einer Schablone aus Eisenblech kontrolliert.

Ausbesserungen an Dampfkesseln dürfen nur von geprüften Kesselschweißern ausgeführt werden [*16*]. In Frage kommen z. B. Ausfüllen von Rostgruben (Korrosionen), bei denen die Auftragung nicht abgeschliffen werden darf, Einsetzen von Flicken (Abb. 135 u. 137) u. dgl.

41. Verschleißfeste Auftragschweißungen, z. B. an Herzstücken, Schienenkreuzungen u. dgl., die eine besonders starke Abnutzung haben, erfordern höher legierte Elektroden, die am Pluspol verschweißt werden. Der aufgetragene Werkstoff kann wegen seiner großen Härte nur mit der Schleifscheibe bearbeitet werden. Bei größerem Querschnitt des Werkstückes und Auflegen nur einer Schweißraupe wird diese infolge der raschen Abkühlung besonders hart.

Die Verschleißfestigkeit einer Auftragschweißung steht im engen Zusammenhang mit ihrer *Härte*. Sie wird deshalb in der Regel durch eine Härtemessung nachgeprüft. Dafür sind folgende Verfahren gebräuchlich (vgl. Werkstattbuch. Heft 111 [1]):

Härteprüfung	Eindruckkörper	Härteangabe	Verwendung
nach BRINELL	Stahlkugel	kg/mm²	Werkstoffe und Werkzeuge
ROCKWELL C	Diamantkegel	Vergleichszahl	gehärtete Werkstoffe
VICKERS	Diamantpyramide	kg/mm²	besonders harte Stoffe

42. Schweißverfahren. Während das *Gasschweißen* besonders zum Auftragen dünner Schichten für Präzisionsteile, z. B. Ventile, geeignet ist, kann man mit dem *Elektrodenschweißen* größere Mengen abschmelzen, wobei allerdings die erste Lage sich mit dem Grundstoff mischt und erst die zweite Lage die Eigenschaften der Auftragslegierung besitzt. Das Auftragschweißen mit dem *Kohlelichtbogen* ist für schwer zugängliche Stellen geeignet. Die erzielte Härte ist jedoch geringer als mit dem Gas- und Metallichtbogenschweißen. Das *Arcatomverfahren* wird in der Ölindustrie angewendet, um Bohrer mit Wolframkarbid zu panzern; es hat geringen Einbrand und hohe Güte der Auftragschicht, ist aber teuer wegen geringer Abschmelzleistung und hohen Gasverbrauchs. Die *Schutzgasschweißverfahren* werden für Auftragschweißungen mit Argon oder Kohlensäure bei Stahl und mit Argon bei Nichteisenmetallen in zunehmendem Umfange eingesetzt. Bemerkenswert sind die hohen Abschmelzleistungen und die glatten Auftragschichten, die wenig Zugabe für spangebende Bearbeitung erfordern. — Erfahrungswerte s. [17].

43. Die Elektroden für Auftragschweißen bezeichnet man nach DIN 8555, Vornorm[1], mit den Buchstaben:

V = verschleißfest, H = hitzebeständig, d. h. für Temperaturen über etwa 600° C, N = nichtrostend, nur gegen Einfluß von Wasser und Stoffen aus der Luft, K = korrosionsbeständig, außer gegen Wasser auch gegen andere angreifende Stoffe, W = warmfest im Sinne von Warmarbeitswerkzeugstählen, S = schneidhaltig (Schnellschnittstahl, Schneidmetall usw.). — Durch kleine Buchstaben wird nachträgliche Wärmebehandlung (w) oder Kaltverfestigung (k) gekennzeichnet.

Für die verschleißfesten Auftragselektroden befindet sich im Normblatt eine Tabelle, in der sie nach Brinellhärten von 125 bis 530 kg/mm² und nach Rockwell-C-Härten von 37 bis 68 eingeteilt sind.

Ausnahmsweise gibt es auch Elektroden, die sowohl für das Auftrag- als auch für das Verbindungsschweißen benutzt werden können. Sie werden zugleich nach DIN 1913 *und* nach DIN 8555 bezeichnet.

Betr. Sonder- und Bündelelektroden zum Auftragschweißen s. [18].

In vielen Fällen werden die Auftragschweißungen *nachbehandelt*, weil dadurch erst der gewünschte Zweck voll erreicht wird. Schweißungen, die mit w-Elektroden ausgeführt werden, sind einer *Wärmebehandlung* gemäß Vorschrift des Lieferwerkes zu unterziehen durch Härten,

---

[1] Erhältlich beim Beuth-Vertrieb, Berlin W 15 oder Köln.

Anlassen usw. Bei Schweißungen mit k-Elektroden wird das Endergebnis durch eine *Kalt*-verfestigung erreicht und zwar entweder durch Hämmern oder dadurch, daß der aufgetragene Werkstoff im Betrieb einer Druck-, Stoß- oder Schlagbeanspruchung unterliegt. Der Mangan-Hartstahl ist z. B. ein Werkstoff, der auf solche Weise immer härter wird.

D. Schweißen von Grauguß

44. Der Werkstoff Grauguß (vgl. Abschnitt 32) ist sehr *spröde*.

Seine Dehnungsfähigkeit ist durch den eingelagerten Graphit fast völlig gehemmt. Deshalb können die beim Schweißen unvermeidlichen Wärmedehnungen im Grauguß nicht aufgenommen werden und rufen oft Risse hervor. Nur Grauguß mit Kugelgraphit, der in feinster Verteilung in ein Grundgefüge von stahlartiger Beschaffenheit eingebettet ist, liegt mit seinem Verhalten etwa zwischen Stahlguß und gewöhnlichem Grauguß. Außerdem ist für das Schweißen von Grauguß ungünstig, daß er *nicht schmiedbar* ist, d. h. auch im rotwarmen Zustande nicht ver-formt werden kann, vielmehr bis zu seinem Schmelzpunkt (rd. 1200° C) starr bleibt und dann plötzlich in den flüssigen Zustand übergeht, im Gegensatz zu Stahl, der schon kalt verformbar und vom rotwarmen Zustande an bis zu seinem Schmelzpunkt (rd. 1500° C) stetig leichter knetbar wird. Beim Schweißen von Grauguß muß daher stets überlegt werden, ob die Wärme-ausdehnung der Schweißstelle unmittelbar oder beim nachherigen Abkühlen durch Schrumpfen Spannungen und dadurch Risse hervorrufen kann. Grundsätzlich gilt das natürlich für alle Schweißarbeiten, ist aber beim Grauguß besonders wichtig.

Die schematischen Abb. 78 bis 80 mögen andeuten, worauf es ankommt. Abb. 78 zeigt eine ebene Platte, die an einer Stelle schnell punktförmig stark erwärmt wird.

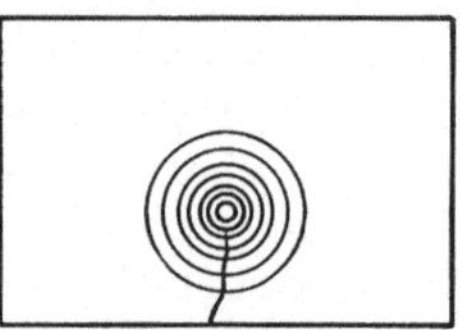

Abb. 78. Spannungsriß, ent-standen beim schnellen punktförmigen Erwärmen der Platte. Die Kreise deuten die Ausbreitung der Wärme an

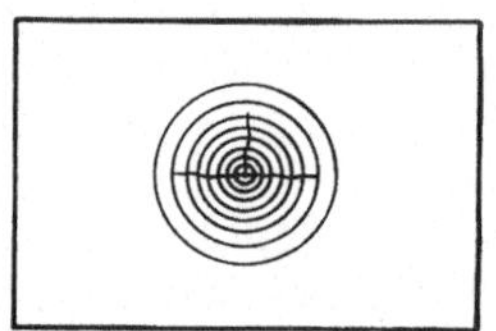

Abb. 79. Spannungsriß, ent-standen beim Abkühlen nach schnellem punktförmigem Erwärmen

Dann dehnt sich an dieser Stelle der Werkstoff aus, kommt selbst unter Druck und erzeugt in seiner Um-gebung Zugspannungen, die dazu führen können, daß die Platte an einer schwachen Stelle gesprengt wird und einen Riß erhält. Hält die Platte die Zugspannungen aus, dann muß der durch die Erwärmung sich ausdehnende Werkstoff anderweitig Platz suchen: er staucht sich oder die Stelle beult sich auf, beides Vorgänge, die bei Stahl möglich, bei Grauguß aber auch im warmen Zustande für das innere Gefüge schädlich sind. Beim Abkühlen der vorher erhitzten Stelle fehlt der verdrängte Werkstoff, sie kommt unter starke Zugspannungen und reißt (Abb. 79).

Wenn man in Abb. 80 den Riß bei a schweißgerecht vorbereiten und dann ohne weiteres schweißen wollte, würde er beim Erkalten wieder reißen, weil der starre Zahnkranz der Schrumpfung des erkaltenden Armes nicht folgen kann. Bei einer Riemenscheibe würde sich im gleichen Falle vielleicht nur der Kranz unrund verformen. Daher muß man beim Schweißen des Armes den Kranz bei b und c erwärmen, damit er sich hier um soviel ausdehnt, wie der Arm nach dem Schweißen schrumpft. Es ist aber notwendig, die drei Stellen a, b und c ganz langsam und gleichmäßig abzukühlen, z. B. durch Einpacken des Werk-stückes in trockene Asche oder dgl. Ist am Kranz eines Zahnrades ein Riß zu schweißen, so muß man sinngemäß die benachbarten Arme so erwärmen, daß sie beim Abkühlen die Schrumpfung des Kranzes mitmachen. Weitere Beispiele s. [*19*].

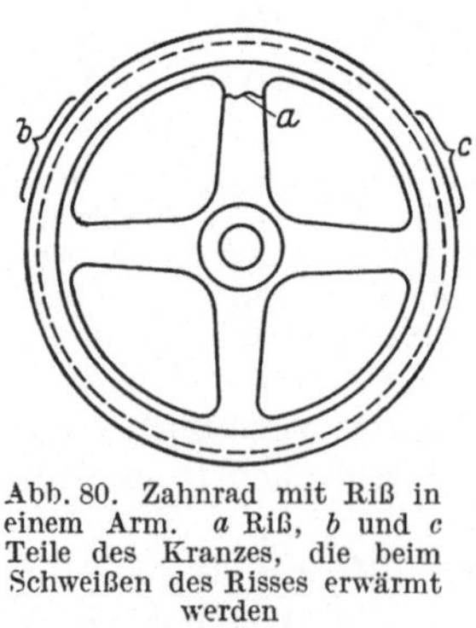

Abb. 80. Zahnrad mit Riß in einem Arm. a Riß, b und c Teile des Kranzes, die beim Schweißen des Risses erwärmt werden

Vor dem Schweißen empfiehlt es sich, den Grauguß auf seine *Schweißbarkeit* zu untersuchen. Bei Werkstücken aus gutem Maschinenguß, dessen Bruchfläche grau ist, bestehen im all-gemeinen keine Bedenken. Aber wenn der Grauguß längere Zeit hohen Temperaturen, Wasser,

Dämpfen oder Gasen ausgesetzt war, kann er für das Schweißen verdorben sein — man sagt, der Guß ist „verbrannt" —, ebenso, wenn er Öl oder Säure angenommen hat. Meistens handelt es sich dabei wohl um Teile, die kalt geschweißt werden sollen. Man meißelt dann zwecks besserer Verschmelzung die Gußhaut auf ungefähr 2 mm Tiefe ab, legt eine Proberaupe auf und entfernt diese sodann wieder mit dem Meißel. Eine gute Verschmelzung hat stattgefunden, wenn der abgemeißelten Proberaupe eine dünne Schicht Grauguß anhaftet. Man nimmt dazu eine Elektrode, wie für das Kaltschweißen vorgesehen.

45. Das Warmschweißen von Grauguß ist für diesen Werkstoff am besten geeignet, allerdings auch umständlich und schwierig. Es kommt zum Ausbessern großer Werkstücke, wie Zylinder und Ständer von Kraft- und Arbeitsmaschinen, in Betracht. Eine solche Schweißung erfordert viel Erfahrung. — Die Kanten der Bruchstellen werden V-förmig hergerichtet, ebenso auch Risse, die stets an beiden Enden abzubohren sind. -Fehlende Teile werden in der Regel unter Verwendung von Formkohleplatten mit Nut und Feder aufgeschweißt, wenn nötig, unter Zugabe einer Bearbeitungsschicht. Hohlkörper mit ausgebrochenen Stücken oder Rissen werden oftmals, wie in der Gießerei, mit Lehm oder Formmasse ausgekleidet.

Das so vorbereitete Werkstück wird nun entweder in einem Glühofen oder durch Holzkohlenfeuer in einer Grube oder in einer mit aufgeschichteten feuerfesten Steinen gebildeten Kammer auf dunkle Rotglut erwärmt. Teile bis 10 mm Wanddicke brauchen 580 bis 600° C, solche über 10 mm Wanddicke 600 bis 750° C. Die langsame und gleichmäßige Erwärmung dauert oft mehrere Stunden. Ist an verschiedenen Stellen desselben Stückes zu schweißen, wird gegebenenfalls ein Nachwärmen erforderlich. Um während des Schweißens nicht viel Wärme zu verlieren und die Schweißer vor der strahlenden Hitze zu schützen, deckt man das Werkstück sorgfältig ab.

Da der Grauguß beim Schmelzen plötzlich in den dünnflüssigen Zustand übergeht, ohne vorher teigig zu werden, müssen die Schweißnähte stets in die waagerechte Lage — Wannenlage — gebracht werden. Das Schweißen selbst besteht dann im Ausfüllen der Schweißfuge mit flüssigem Grauguß unter Zuführung von Wärme, damit das Schmelzbad mit den Rändern der Schweißfuge vollkommen verschmilzt. Autogen- und Lichtbogenverfahren sind dafür in gleicher Weise geeignet. Beim Lichtbogenschweißen verwendet man Kohleelektroden und Grauguß-Zusatzstangen oder Graugußelektroden aus siliziumreichem Werkstoff, die an den Pluspol anzuschließen sind. Das Schmelzbad ist unter Beigabe eines Grauguß-Schweißpulvers dünnflüssig zu halten, damit die Schlacken an die Oberfläche treten und abgeschöpft werden können.

Je nach Größe und Wanddicke der Werkstücke sind Stromstärken von 400 bis 1200 Ampere bei einer Schweißspannung von 45 bis 65 Volt erforderlich. Zur Erzielung der benötigten Stromstärke werden besonders große oder mehrere parallel geschaltete Schweißumformer verwendet. Wegen der großen strahlenden Wärme sind mehrere Schweißer nötig, die sich während des Schweißens, das nicht unterbrochen werden darf, gegenseitig ablösen.

Nach dem Schweißen wird das Werkstück abermals sorgfältig geglüht und danach mit trockenem Sand oder Asche dicht abgedeckt. Langsames und vollkommenes Abkühlen ist sehr wichtig. Zu frühes Auspacken des Gußstückes aus der Abdeckung führt meistens zu Mißerfolgen. Bei einer sachgemäß ausgeführten Warmschweißung besitzt die Schweißnaht keine harten Stellen, ist leicht bearbeitbar und zeigt dasselbe Gefüge wie das Werkstück.

46. Das Halbwarmschweißen von Grauguß wird hauptsächlich zum Ausbessern kleinerer Maschinenteile angewendet, die sich nach allen Seiten frei ausdehnen können und bei denen mithin die Gefahr von Spannungserscheinungen gering ist, z. B. Gehäuseteile, Lagerschilde, kleinere Maschinengestelle u. dgl. Wenn es möglich ist, so „von innen nach außen" eine Schweißstelle nach der andern zu schweißen, daß *freie* Ausdehnung und Schrumpfung gewahrt bleiben, braucht das Werkstück nicht, wie beim Warmschweißen, vollständig und auch nicht auf Rotglut, sondern nur örtlich auf 300 bis höchstens 500° C vorgewärmt zu werden, entweder mit dem Schweißbrenner oder in einem milden Holzkohlenfeuer.

Um ein Durchfließen des Schweißgutes, besonders bei Hohlkörpern, zu vermeiden, kann man auf der Unterseite der V-Fuge, falls Platz vorhanden, Formkohleplatten unterbauen oder sonst auch einen etwa 2,5 mm starken Blechstreifen unterlegen und an mehreren Stellen heften. Im übrigen gelten sinngemäß die unter Warmschweißen angegebenen Maßnahmen, wie: Vorbereitung der Schweißfugen, Graugußelektrode und Schweißvorgang, Nachglühen, Abdecken und langsam erkalten lassen. Anhaltswerte s. Tabelle 5.

Halbwarmschweißen mit dem *Kohlelichtbogen* ist bei dickwandigen Graugußstücken, bei denen die Voraussetzungen für das Halbwarmschweißen zutreffen, vorzuziehen. Dabei muß die Schweißstelle auf eine Mindesttemperatur von 500 bis 600° C vorgewärmt werden, am besten mit einem

Tabelle 5

Anhaltswerte für Halbwarmschweißen von Grauguß

Elektrodendurchmesser in mm	Schweißspannung in Volt	Stromstärke in Amp.
4	25	110
6	30	150
8	35	200

oder mehreren Schweißbrennern oder, wenn dies nicht ausreicht, mit dem Holzkohlenfeuer. Ganz schmale Stellen kann man auch mit einem rasch bewegten Lichtbogen erwärmen. — Der Vorteil des Kohlelichtbogens, z. B. mit einer Elektrode von 15 mm Durchmesser bei 200 A, liegt in der schnellen Wärmezufuhr zur Schweißstelle. Als Zusatz wird dabei ein Graugußstab mit Flußmitteleinlage verwendet. Das Schweißbad wird infolge der großen zugeführten Wärmemenge sehr dünnflüssig; man muß daher die Nahtfuge besonders gut einformen oder mit Kohleplatten unterbauen und das Werkstück für jeden Schweißvorgang in die Wannenlage bringen. Eine richtig ausgeführte Halbwarmschweißung ergibt wie die Warmschweißung dichte, weiche und leicht zu bearbeitende Schweiß- und Übergangsstellen.

Unvermeidlichen *Spannungen* ist beim Halbwarmschweißen sorgfältige Beachtung zu schenken. Geschickte Schweißer verstehen es, mit Hilfe der Azetylen-Sauerstoff-Flamme Wärmeausdehnungen von gefährdeten Stellen eines Werkstückes durch *Schrumpfverlagerung* an eine ungefährdete Stelle umzuleiten. Beispiel an einem Motorengehäuse s. [*19*]: Bd. 8 (1956) H 3, S. 100.

47. Das Kaltschweißen von Grauguß dient hauptsächlich zur Ausbesserung gebrochener Gußstücke, bei denen Warm- und Halbwarmschweißen nicht durchführbar sind; es erfordert besonders große Erfahrungen.

a) Um die *Schwierigkeiten* beim Kaltschweißen von Grauguß zu verstehen, muß man sich gewisse Beziehungen zwischen dem Eisen und seinem Kohlenstoffgehalt von 3 bis 4,5% vergegenwärtigen. *Eisen und Kohlenstoff* können sich chemisch zu *Zementit* verbinden (6,67% Kohlenstoffgehalt). Im flüssigen grauen und weißen Gußeisen ist der gesamte Kohlenstoff chemisch gebunden und der Zementit im flüssigen Metall gelöst, auch noch im Augenblick des Erstarrens. Er bleibt dann im weißen Gußeisen (Hartguß) beim Abkühlen unter dem Einfluß von *Mangangehalt* als Gefügebestandteil bestehen und gibt dem Hartguß große Härte, so daß dieser nur durch Schleifen bearbeitet werden kann. Im grauen Gußeisen (Grauguß) dagegen zerfällt der Zementit unter dem Einfluß von *Siliziumgehalt* nach dem Erstarren bei hinreichend langsamer Abkühlung zum größten Teil. Dabei scheidet sich ein Teil des Kohlenstoffs in Form von Graphitblättchen aus, und es entstehen auch sonstige weichere Gefügebestandteile. Wird aber sehr schnell abgekühlt, so wird der Zerfall verhindert und das Gefüge wird weiß und hart. Dieser Fall tritt in der Schweiße ein, wenn man kalten Grauguß mit *Graugußelektroden* schweißt. Die Elektrodenschmelze wird in der Nahtfuge durch den benachbarten kalten Grundwerkstoff abgeschreckt, erzielt nur wenig Einbrand und ist von Spannungsrissen (Haarrissen) durchsetzt, hart und spröde. Auch das Übergangsgefüge zum Grundwerkstoff wird beim Schweißen durch das schnelle Erhitzen und wieder Abkühlen in Hartguß verwandelt und ist mit spanabhebenden Werkzeugen nicht zu bearbeiten.

b) *Elektroden aus kohlenstoffarmem Stahl* ergeben eine Schweiße, die an sich auch nach Abschreckung weich und dehnbar bleibt. In der Nahtfuge eines Graugußstückes aber nimmt sie Kohlenstoff aus dem Grundwerkstoff auf, besonders als Grundraupe und erlangt dadurch ungefähr die Härteeigenschaften von Werkzeugstahl, wird hart und spröde, ebenso das angrenzende Übergangsgefüge. Verwendbar sind Stahlelektroden zum Graugußkaltschweißen daher nur, wenn die Schweißstelle nachher nicht bearbeitet werden soll. Ähnliches gilt von *Kupferelektroden*, die sich gut zum Schweißen von Grauguß eignen: die Schweiße ist weich und sehr dehnbar, aber die Übergangszone zwischen Kupfer und Grauguß ist sehr hart.

Nickel- und *Monel*elektroden (*Sonderelektroden*) nehmen keinen Kohlenstoff auf und ergeben eine weiche, gut bearbeitbare Schweiße. Auch läßt sich die Schweißnaht gut hämmern und verstemmen, wobei sie höhere Festigkeit und Dehnung erhält. Reinnickelelektroden ergeben eine noch weniger rißanfällige Schweiße als Monelelektroden, aber auch dabei ist Hämmern mit leichten schnellen Schlägen notwendig, um die beim Abkühlen in der Schweißnaht entstehenden Schrumpfspannungen aufzuheben. Monelmetall enthält ungefähr $^2/_3$ Nickel und $^1/_3$ Kupfer.

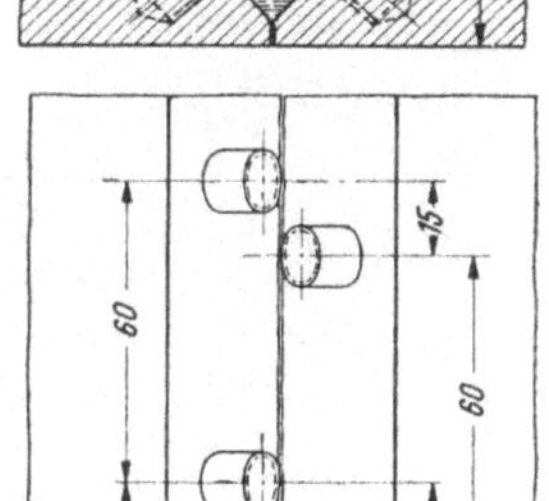
Abb. 81. Schweißnaht mit Stiftschrauben

Bei Schweißungen, die nur *fest* sein müssen, z. B. gebrochenen Maschinenteilen, kann man nackte oder Seelenelektroden verwenden. Wird aber auch *Dichtheit* gefordert, wie bei auf Druck beanspruchten Hohlkörpern, so sind diese Elektroden — je nach Wandstärke — nur für die Grundraupen geeignet, für die Deckraupen aber Sonderelektroden zu nehmen, oder diese für die Grund- *und* Deckraupen. Ebenso verschweißt man kleinere *Lunker* mit Sonderelektroden; die Lunker werden sorgfältig gereinigt und die Gußhaut wird entfernt.

c) Zwecks *Vorbereitung* der Schweißung stellt man erst die *Schadensursache* fest. Bei Schäden infolge unzulässiger Beanspruchung ist eine besonders verstärkte Schweißnaht meist nicht erforderlich. Liegt jedoch die Ursache der Brüche oder Risse in zu schwach konstruierten Wandstärken, so sind die Schäden zwar durch Schweißen zu beheben, die Schweißnähte aber zweckmäßig zur Erhöhung der Sicherheit durch Laschen oder Schrumpfklammern zu verstärken.

Die Vorarbeiten sind sehr gewissenhaft auszuführen: *Risse* sind abzubohren. Bei abgebrochenen Stücken läßt man stets eine *Paßfläche*, möglichst über die ganze Länge des Bruches, stehen, um die anzuschweißenden Stücke genau in ihre ursprüngliche Lage bringen zu können. Um die angepaßten Teile in der richtigen Lage zu halten, werden sie kurz geheftet oder mit Schrauben, Laschen usw. eingespannt.

Bei Werkstücken mit *kleinen* Wandstärken und niedriger Beanspruchung genügt meistens das Ausfüllen der Schweißfuge in V-Form mit einer Sonderelektrode, und zwar von 4 mm Stärke, um die Wärmezufuhr möglichst niedrig zu halten. Bei *größeren* Wandstärken setzt man *Stiftschrauben* in die Schweißfuge (Abb. 81 u. 82) ein, jedoch nicht zu viele, um die Wand nicht zu schwächen (s. Tabelle 6). Bei Dichtnähten setzt man die Stiftschrauben etwas enger. Sie müssen in allen Fällen unbedingt stramm sitzen. In besonderen Fällen

Tabelle 6
Stiftschrauben für Schweißnähte

Wandstärke in mm	Stiftschrauben (metr. Gewinde)	
	Äußerer Durchmesser in mm	Kerndurchmesser in mm
15	8	6,38
20	10	8,05
25	10	8,05
30	12	9,73

können die Stiftschrauben auch neben der Schweißfuge angeordnet werden (Abb. 83). Wenn wegen ungünstigen Verlaufs der Risse Löcher für Stiftschrauben nur in sehr beschränkter Zahl gebohrt werden können, z. B. bei Armen, Naben usw., werden zur Erhöhung der Festigkeit *Schrumpfklammern* verwendet (Abb. 84), je nach Wandstärke Rundeisen von 15 bis 20 mm Durchmesser, die stramm eingepaßt und mit Mantelelektroden in einem Zuge, ohne Schweißpausen, verschweißt werden.

In manchen Fällen ist es üblich, *einteilige* Klammern in rotwarmem Zustande einzuschlagen, z. B. beim Warm- bzw. Halbwarmschweißen von gerissenen

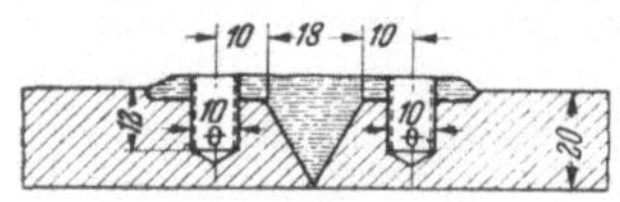

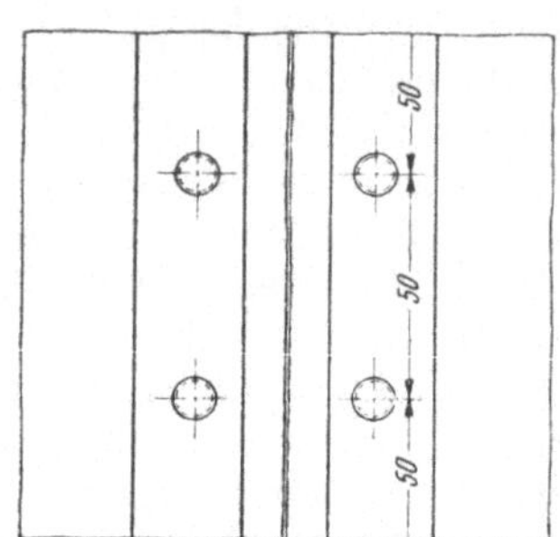

Abb. 83. Stiftschrauben außerhalb der Schweißnaht

Abb. 82. Aufbau der Graugußnaht bei einer
Rißschweißung

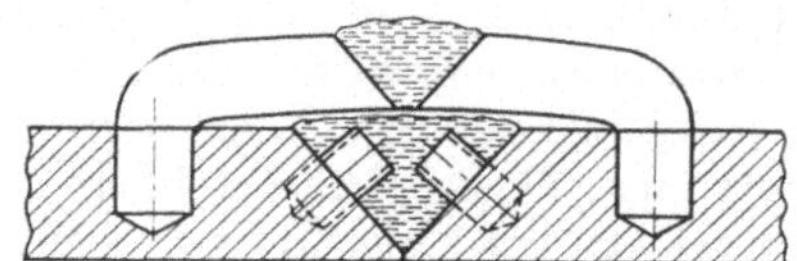

Abb. 84. Verstärkung durch zweiteilige
Schrumpfklammer

Blockformen (Kokillen). Oftmals werden zur Erhöhung der Festigkeit auch *Laschen* aus Flachstahl mit abgerundeten Ecken, die der Form des Werkstückes sehr gut angepaßt sein müssen, gegebenenfalls unter Verwendung von Schrauben aufgesetzt. An diesen Laschen werden sowohl die Kehlnähte als auch die Schraubenmuttern verschweißt. Größe und Stärke der Laschen müssen dem Werkstück entsprechen.

d) Zur Erläuterung des *Schweißvorganges* dient das Beispiel Abb. 82. Nachträgliche Bearbeitung sei nicht verlangt, also sind nackte oder Seelenelektroden zu verwenden. Zunächst werden die Stiftschrauben der ersten 3 bis 4 Abschnitte mit Mantelelektroden sorgfältig zusammengeschweißt, so daß eine Brücke aus Stahl entsteht, die wesentlich zur Festigkeit der Naht beiträgt und, wenigstens teilweise, die unvermeidlichen Schrumpfspannungen aufnimmt. Danach legt man die Wurzelraupe im ersten, ungefähr 30 bis 40 mm langen Abschnitt, nach kurzer Pause im zweiten. Hierauf wird im ersten Abschnitt die Nahtfuge aufgefüllt, aber die Raupen werden jetzt quer zur Naht gelegt, wie Abb. 82 deutlich erkennen läßt. So schweißt man die Abschnitte einzeln fertig, aber bei langen Nähten, damit das Werkstück möglichst kühl bleibt, derart, daß stets weit auseinanderliegende Abschnitte sich folgen. Überhaupt schweißt man sehr langsam und legt öfter Schweißpausen ein, damit die Umgebung der Schweißstellen höchstens handwarm wird. So hält man die Schweißspannungen niedrig. Je niedriger sie sind, desto geringer ist die Gefahr, daß Risse entweder in der Übergangszone am Werkstück zur Schweiße oder in der Schweiße selbst auftreten.

Wenn die Stiftschrauben ausnahmsweise *neben* der Schweißnaht angeordnet werden müssen (Abb. 83), wird vorher die Gußhaut auf ungefähr 2 mm Tiefe und entsprechende Breite abgemeißelt. Im unmittelbaren Bereich der gegenüberliegenden Stiftschrauben wird erst die Schweißnaht auf eine kurze Strecke aufgebaut, bis beide Schrauben miteinander verschweißt sind, dann wird die Fuge, wie oben beschrieben, quer zur Nahtrichtung aufgefüllt. Daß vor dem Auflegen der folgenden Schweißraupe die Schlacke mit Spitzhammer und Drahtbürste gründlich zu entfernen ist, braucht wohl nicht erst besonders betont zu werden.

Einen abgebrochenen Teil eines Werkstückes kann man auch durch ein passendes Stück *Stahl* ersetzen. Stiftschrauben braucht man dann nur in die gußeiserne Nahtflanke einzusetzen, weil die andere Flanke ja aus Stahl besteht. Bei solchen Nähten, deren Flanken verschiedene Schmelztemperaturen haben, ist das Schweißen mit dem *Kohlelichtbogen* günstig, weil er viel Wärme schnell zuführt und damit den 300° C Schmelzpunktunterschied von Graugruß und Stahl leicht überbrückt.

Wo es möglich ist, wird das Werkstück in eine solche Lage gebracht, daß man nur *waagerecht* schweißt. Bei Maschinenteilen, die vom Fundament nicht abgehoben werden können oder sollen, muß manchmal eine Senkrechtschweißung ausgeführt werden. Sie erfordert besondere Hilfsmittel (z. B. Vorhalten einer Formkohle- oder Kupferplatte), um das Abtropfen des schmelzenden Materials zu verhindern. In solchen Fällen baut man die Schweiße von unten aus auf.

Risse in druckbeanspruchten Hohlkörpern müssen *fest und dicht* geschweißt werden. Abb. 85 läßt erkennen, wie man in solchen Fällen vorgeht, wenn nachherige Bearbeitung *nicht* erforderlich ist. Nach Verschweißen der Stiftschrauben

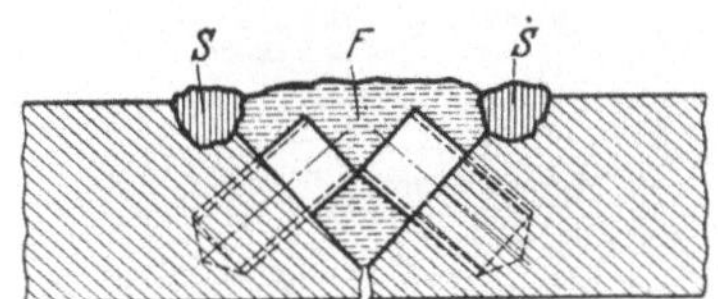

Abb. 85. Schweißung auf Dichtheit ohne Nacharbeit. *F* mit Stahlelektroden, *S* mit Sonderelektroden geschweißt

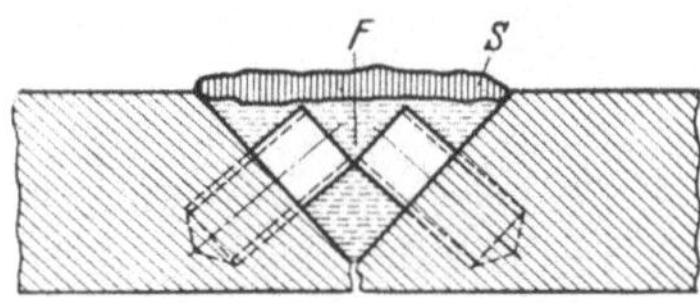

Abb. 86. Schweißung auf Dichtheit mit Nacharbeit. *F* mit Stahlelektroden, *S* mit Sonderelektroden geschweißt

füllt man die Nahtfuge mit Stahlelektroden aus, wie oben beschrieben, und schweißt dann an den Nahträndern in Längsrichtung je eine Deckraupe *S* mit Sonderelektroden in Abschnitten von ungefähr 30 mm Länge. Diese Deckraupen werden unmittelbar nach dem Schweißen durch rasche und kurze Schläge gehämmert. Ist jedoch eine *Nachbearbeitung* der Schweißnaht notwendig, so schweißt man nach Abb. 86 und legt die Deckraupen mit Sonderelektroden quer zur Nahtrichtung über die ganze Breite, um eine vollständige *Decklage* herzustellen. Hämmern der Decklage wie oben.

Wenn bei einem Hohlkörper eine Prüfung durch Wasserdruck nicht vorgenommen werden kann, wird zur Feststellung der *Dichtheit* der Schweißnähte die sehr einfache *Petroleumprobe* wie folgt angewendet:

Die Schweißnähte werden zunächst sauber gebürstet. Sodann streicht man an der Außenseite des Werkstückes Schlämmkreide, gemischt mit Brennspiritus, in breiiger Form auf und läßt diesen Anstrich trocknen. Die Innenseite der Schweißnähte wird hierauf mit Petroleum gut angefeuchtet. Sind poröse Stellen oder Haarrisse, die in der Übergangszone vom Werkstück zur Schweiße vorkommen können, vorhanden, so zeigen sie sich dann als fettige Flecke auf der Schlämmkreide.

E. Dünnblechschweißen

48. Schweißen mit Schweißkohle und Blasmagnet. Die magnetische Wirkung des elektrischen Stromes auf den Lichtbogen (vgl. „Blaswirkung", Abschn. 13) wird nutzbar gemacht, indem man mit der als Magnet wirkenden Blasspule (Abb. 87) Form und Richtung des Kohlelichtbogens in einer für das Schweißen günstigen Weise beeinflußt. Das Verfahren, das in Zukunft wohl durch das Schutzgasschweißen verdrängt werden wird, eignet sich in erster Linie für Dünnblecharbeiten. Es hat dabei den Vorteil, daß Verwerfungen nur in geringem Maße auftreten, weil die Schweißstelle eng begrenzt sehr schnell erhitzt wird und nur wenig Wärme an den benachbarten Werkstoff abgibt. Tabelle 7 enthält Anhaltswerte.

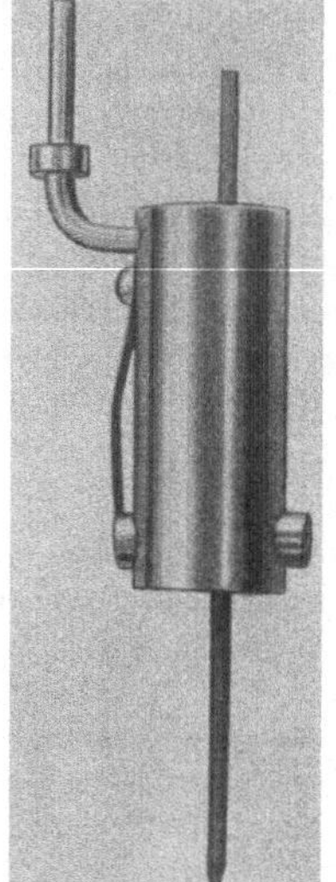

Abb. 87. Schweißkohle mit Blasspule

Tabelle 7
Anhaltswerte für Dünnblechschweißungen

Blechstärke in mm	Schweißkohlendurchmesser in mm	Schweißspannung in Volt	Stromstärke in Amp.
0,75	3	18···22	30···35
1,00	3	18···22	40···45
1,50	5	18···22	45···50
2,00	6	18···22	50···55
2,50	6	18···22	55···60
3,00	7	18···22	60···65

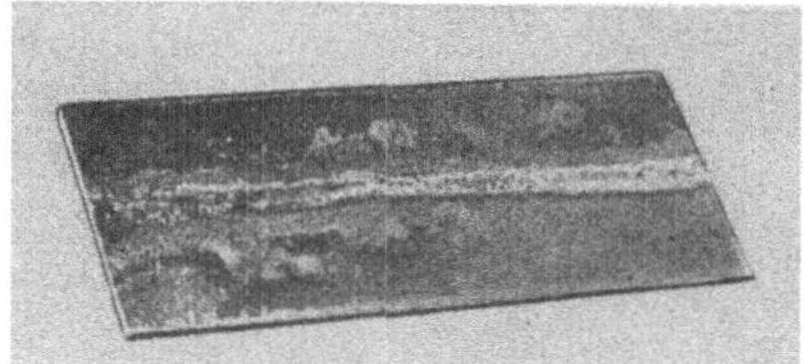

Abb. 88. Stumpfnaht

Stumpfnähte (Abb. 88, I-Naht): Vor dem Schweißen wird zur Unterstützung eines gleichmäßigen und guten Schweißflusses mit einem Pinsel etwas Wasserglas auf die Nahtfuge aufgestrichen, dann in Abständen von etwa 50 bis 60 mm kurz geheftet und bis zu 2 mm Blechstärke ohne Zusatzdraht geschweißt. Dasselbe gilt für Überlappnähte (Abb. 92).

Bei *Bördelnähten* (Abb. 89) und *Ecknähten* (Abb. 90) werden bis zu 3 mm Blechstärke nur die Bördel bzw. Kanten ohne Zusatzdraht niedergeschmolzen. T-Nähte

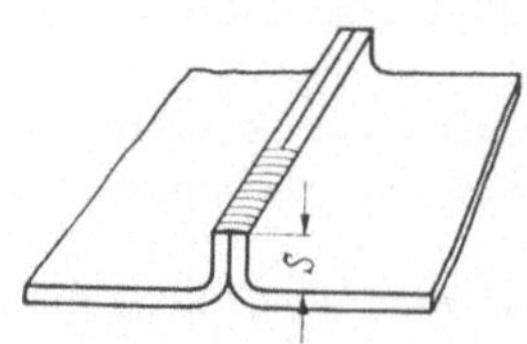

Abb. 89. Bördelnahtschweißung
S Bördelhöhe = doppelte Blechstärke

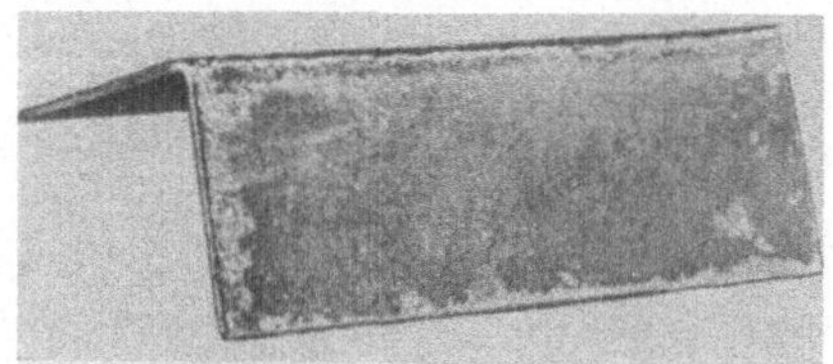

Abb. 90. Ecknaht

der sonst üblichen Form brennen bei Dünnblechen durch (Abb. 91). Man kantet das anzuschweißende Blech deshalb um 90° ab und schweißt die umgebördelte Kante als *Überlappstoß* (Abb. 92).

Die Bleche müssen sehr genau zugeschnitten und zusammengepaßt werden, weil die dünnen Schweißnähte sonst leicht durchbrennen. Ohne Zusatzdraht wird nach rechts, mit Zusatzdraht nach links geschweißt.

Abb. 91. T-Stoß mit durchgebrannten Stellen *A*

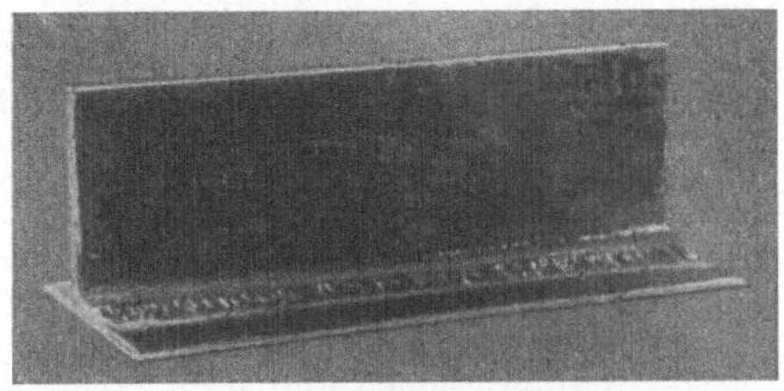

Abb. 92. T-Stoß für Dünnblechschweißung mit Überlappnaht

49. Schweißen im Kraftfahrzeug- und Behälterbau. Die Verbindungsarten Nieten, Schrauben, Falzen und neuerdings Kleben treten im Kraftfahrzeugbau [20] zugunsten des Schweißens als der wirtschaftlichsten Verbindungsart zurück. Beim Dünnblechschweißen im Karosseriebau werden verschiedene Schweißverfahren angewendet (Autogen-, Lichtbogen-, elektr. Widerstandsschweißen, Wolfram-Inert-Punktschweißen). Das UP-Schweißen (S. 6) kommt für Mittelbleche ab 3 mm zur Anwendung, das ELIN-HAFERGUT-Verfahren z. B. für die 2 mm starken Blechschüsse für das Dach von Autobussen. Auch die Schutzgasverfahren haben im Automobilbau Eingang gefunden. Zum Zusammenschweißen von aus Dünnblech gepreßten Halbschalen, z. B. für Kotflügel, dient das WI-Verfahren ohne Zusatzdraht (S. 5), zum Schweißen dickerer Teile ab etwa 2,5 mm, die Zusatzwerkstoff benötigen, das MI-Verfahren. Bei dünneren Blechen wäre hierbei der Lichtbogen zu stark und würde zum Durchbrennen des Bleches führen. Deshalb wird auch in vielen Fällen das WI-Verfahren mit Zusatzdraht benutzt. Die Bleche werden dabei in Vorrichtungen festgespannt. Neben der hohen Schweißgeschwindigkeit liegen die Vorteile besonders darin, daß nur ein schmaler Wärmehof auftritt, der eine saubere und verzugsfreie Schweißnaht ergibt. Bei der Autogenschweißung, die in der Handhabung einfacher ist, würden sich die dünnen Bleche sehr verziehen und dadurch hohe Kosten für nachträgliches Richten und Verputzen bedingen.

Auch im *Behälterbau* [7] werden die Schutzgasverfahren angewendet: das WI-Verfahren vorwiegend bei Wanddicken von 1 bis 4 mm, das MI-Verfahren vorteilhaft bei Wanddicken über 3 mm. Die hohe Abschmelzleistung mit beispielsweise 280 bis 400 A bei einem Draht von 1,6 mm erfordert sehr geschickte und sichere Schweißer. Für lange glatte Nähte von 2 mm Blechdicke an hat sich das UP-Verfahren bewährt. Wo die Nähte dafür nicht geeignet sind, wird mit Lichtbogen von Hand geschweißt, vorzugsweise unter Verwendung von kalkbasischen Elektroden.

In den USA werden im Kraft- und Luftfahrzeugbau zur Gewichtsersparnis Behälter und sonstige Bauteile aus dünnen Leichtmetallblechen hergestellt und dabei z. B. Aluminiumbleche von 0,15 mm Dicke einwandfrei nach dem Wolfram-Inert-Verfahren geschweißt.

F. Das elektrische Schneiden

50. Grundsätzliches. Die Zündtemperatur des Eisens liegt bei 1350° C. Wird z. B. Stahlblech an einer Kante auf diese Temperatur erhitzt und dann ein Sauerstoffstrahl auf diese Stelle gerichtet, so tritt ein lebhaftes Verbrennen des Eisens ein. Dabei wird so viel Verbrennungswärme erzeugt, daß die Temperatur erhalten bleibt und das Brennen in Form eines Spaltes von der Breite des Sauerstoffstrahles durch das Blech hindurch weitergeführt werden kann.

Wesentlich ist hierbei, daß das durch Verbrennen des Eisens entstehende Eisenoxyd bei 1370° C schmilzt und daher tropfenförmig aus der Schnittfuge herausgeblasen wird.

Grauguß schmilzt bei rd. 1200° C, weißes Gußeisen noch niedriger. Beide kann man nicht auf die Zündtemperatur von 1350° C erhitzen, weil nach Erreichen des Schmelzpunktes alle weiter zugeführte Wärme zum Schmelzen des benachbarten Werkstoffes verbraucht wird. Genau so kann man Eis nicht über 0° C erwärmen. Gußeisen kann man daher mit dem Schneidbrenner nur durchschmelzen, der Sauerstoff kann nicht in gleicher Weise wie bei Stahl wirksam werden. Führt man aber zugleich mit dem Sauerstoff ein feines Eisenpulver zu — Aluminiumpulver ist noch wirksamer —, so wird örtlich durch die Heizwirkung des brennenden Eisenpulvers das schmelzende Metall überhitzt und man erzielt einen wirklichen Brennschnitt. Mit diesem Verfahren, dem „*Pulver-Brennschneiden*", können sogar hochlegierte Chromstähle autogen geschnitten werden [*21*].

Beim rein elektrischen Schneiden unter Verwendung einer Stahl- oder Kohleelektrode (Graphit) wird der Werkstoff nur abgeschmolzen. Es gibt Mantelelektroden, die mit Überstrom belastet werden können und für Durchschmelzarbeiten an nicht zu dicken Blechen geeignet sind. Man „schneidet" damit von unten nach oben, damit das abschmelzende Material aus der ziemlich breiten und nicht sauberen Schnittfuge gut abtropfen kann. Dieses Verfahren kommt aber nur noch selten und nur für grobe Arbeiten an Stahl und Grauguß zur Anwendung. Die Mantelelektrode wird dabei am Pluspol, die Kohleelektrode am Minuspol angeschlossen.

51. Das Lichtbogen-Sauerstoff-Schneidverfahren mit einer abschmelzenden *Stahlrohrelektrode* findet vielseitige Anwendung. Ähnlich, wie oben beim Pulverbrennschneiden beschrieben, überhitzt hier der Lichtbogen das Schmelzbad punktförmig, so daß der durch die Rohrelektrode strömende Sauerstoff zünden kann und nun ein echter Brennschnitt erfolgt.

Für die Rohrelektrode ist eine Zange in Sonderausführung notwendig, die nicht nur den elektrischen Strom, sondern gleichzeitig auch den Sauerstoff zuführt. Als Stromquelle eignen sich sowohl Schweißumformer mit Anschluß der Rohrelektrode am Pluspol als auch Schweißumspanner (Wechselstrom). Die Rohrelektroden haben 5 bis 8 mm Durchmesser. Der Sauerstoffdruck wird nach der Materialstärke gewählt. Bei einem Druck von z. B. 8 atü können Stahlplatten von 100 mm Dicke und darüber geschnitten werden. Die Schnittflächen sind jedoch nicht ganz so sauber wie beim Gasbrennschneiden. Dieses Lichtbogenverfahren eignet sich besonders zum Verschrotten dickwandiger Stahlplatten, zum Zerschneiden von Eisenbahnschienen. Trägern u. dgl. Außerdem findet es Anwendung zum Abschneiden von Nietköpfen an Kesseln usw., zum Ausbrennen stark verrosteter Niete und Schrauben sowie für verschiedene Schneidarbeiten an Stahlguß, Manganhartstahl und Grauguß. Auch zum Schneiden unter Wasser ist die dann mit einem Lacküberzug versehene Rohrelektrode verwendbar [*2*].

52. Neuere Entwicklungen. Während mit dem Autogenverfahren das Unterwasserschneiden nur bei nicht zu dicken Blechen möglich ist, wurde ein Lichtbogenverfahren entwickelt, mit dem man unter Wasser sowohl schneiden als auch schweißen kann. Die *Unterwasserelektrode* ist eine mit einem wasserbeständigen Lacküberzug versehene Mantelelektrode, die mit einem hohen Überstrom belastet werden kann. Die Elektrode darf nur an Gleichstrom, und zwar am Pluspol angeschlossen werden, Wechselstrom ist nicht zulässig. Bei dem Unterwasserschweißen kommen hauptsächlich Kehlnähte in Betracht. Beachtet der Taucher die Schutzmaßnahmen, so ist das Unterwasserschneiden und -schweißen nicht gefährlich. Es hat ganz bestimmte Anwendungsgebiete, z. B. Ausbesserungen an Brücken, Bergung gesunkener Schiffe usw.

Die *Nichteisenmetalle* kann man mit dem Sauerstoffstrahl nicht schneiden, weil, wie beim Grauguß, ihr Zündpunkt höher liegt als der Schmelzpunkt, außerdem die durch Verbrennen entstehenden Metalloxyde (bei Aluminium = Tonerde) einen viel höheren Schmelzpunkt haben als die Metalle selbst und den Schneidvorgang behindern. Bei dem *Argonarc-Brennschneiden*, genauer: *Wolfram-Inert-* (*WI-*) *Schmelzschneiden* (USA 1955), ist der zwischen einer Wolframelektrode und dem Werkstück brennende Lichtbogen durch die besonders ausgebildete Schutzgasdüse stark eingeschnürt (3,2 bzw. 4 mm). Er schmilzt eine schmale Zone auf und das mit hoher Geschwindigkeit strömende *Argon*, dem zwecks Erhöhung der Temperatur im Schneidspalt bis zu 30% *Wasserstoff* (atomare Umwandlung) zugesetzt ist, schleudert mechanisch das vor dem Verbrennen geschützte geschmolzene Metall aus der Schnittfuge heraus. Erforderlich ist Gleichstrom von 70 Volt (Leerlauf 100 Volt) und 400 Amp. nebst HF-Zündgerät [*22*].

Ferner wird aus den USA auch über ein elektrisches Schneidverfahren berichtet, bei dem man mit einem *Kohlelichtbogen* das Material aufschmilzt und die Schmelze mit einem *Luftstrahl* mechanisch herausbläst. Das Verfahren ist demnach unabhängig von Verbrennungsvorgängen und damit in seiner Anwendung nicht auf Stahl beschränkt. Es wird zum Schneiden und Fugenhobeln verwendet[2].

G. Schweißen von Kupfer und Kupferlegierungen

53. Das Kupfer wird auf Grund seiner Weichheit, Dehnbarkeit und Widerstandsfähigkeit gegen chemische Angriffe aller Art sowie wegen seiner elektrischen Wärmeleitfähigkeit viel verwendet.

Die unlegierten Kupfersorten mit einem Reinheitsgrad von 99,0 bis 99,9% sind als A-, B-, C-, D-, E- und F-Kupfer in DIN 1708 genormt. Sie enthalten geringe Mengen Sauerstoff, teilweise chemisch gebunden als Kupferoxydul (chem. Formel Cu_2O), können aber auch sauerstofffrei geliefert werden. In diesem Falle wird vor die obigen Buchstaben ein S gesetzt, so z. B. SD-Kupfer = sauerstofffreies D-Kupfer. Flüssiges Kupfer nimmt leicht Gase auf, z. B. Wasserstoff. Dieser bildet mit dem Sauerstoff Wasserdampf, der aus dem festen Kupfer nicht entweichen kann und dann Blasen und Risse verursacht (Wasserstoffkrankheit). Deshalb werden für Schweißteile die S-Sorten bevorzugt. Die Farbe sauerstofffreien Kupfers ist lachsrot; bei Sauerstoffgehalt ist sie ziegelrot. Man sagt dann, das Kupfer ist „verbrannt". Solches Kupfer kann nicht mehr gebrauchsfähig gemacht werden. Vgl. auch Werkstattbuch Heft 45 [1].

Da Kupferlegierungen in weit geringerem Maße zur *Gasaufnahme* neigen als Reinkupfer, benutzt man beim Kupferschweißen gern Elektroden aus Zinn- und Aluminiumbronzen, soweit dies aus Korrosionsgründen zulässig ist.

Tabelle 8. *Einige physikalische Eigenschaften von Kupfer, Kupferlegierungen und Leichtmetallen, verglichen mit Stahl*

.	Kupfer	Messing Ms 60	Zinn-bronze 6	Silizium-bronze 3	Alu-minium	Magne-sium	Stahl 0,2% C
Spezif. Gewicht g/cm^3	8,9	8,4	8,86	8,53	2,7	1,74	7,85
Schmelztemperatur[1] °C	1083	900	1050	1025	659	650	1500
Spezif. Wärme $cal/g \cdot °C$	0,093	0,093	0,09	0,09	0,22	0,24	0,11
Wärmeleitfähigkeit $cal/cm \cdot sec \cdot °C$	0,94	0,29	0,19	0,09	0,53	0,38	0,12

Die große Wärmeleitfähigkeit des Kupfers (Tabelle 8) macht das Kupferschweißen zu einer *Wärmeangelegenheit*. Man muß das Werkstück bei Wandstärken über 4 mm auf 200 bis 300° C, bei dicken Wandstärken noch höher, bis zu Kirschrotglut (800°), vorwärmen, weil sonst die beim Schweißen zugeführte Wärme so schnell in das Grundmaterial abfließt, daß keine Schmelzverbindung zu erzielen ist. Um Verwerfungen infolge der großen Wärmeaufnahme zu vermeiden, empfiehlt es sich, dünne zu schweißende Teile in Vorrichtungen festzuspannen.

Für das Schweißen des Kupfers und der Kupferlegierungen [23] kommen außer dem Gasschmelzschweißen auch die Lichtbogenschweißverfahren zur Anwendung: Elektrodenschweißen, Wolfram-Inert- und Metall-Inert-Verfahren.

a) *Elektrodenschweißen von Kupfer.* Der gewöhnliche Lichtbogen reicht wegen der hohen Wärmeleitfähigkeit des Kupfers nicht aus, ein genügend großes Schmelzbad zu erzeugen. Durch Verwendung von Elektroden mit einer dicken mehrschichtigen Umhüllung aus schwer schmelzbaren anorganischen Salzen wird der Lichtbogen stärker gebündelt, indem die Umhüllung mit ihrer äußeren Schicht beim Abschmelzen der Elektrode als Schlauch stehen bleibt (*Schlauchelektrode*, Abb. 93) und den Kerndraht um 3 bis 10 mm

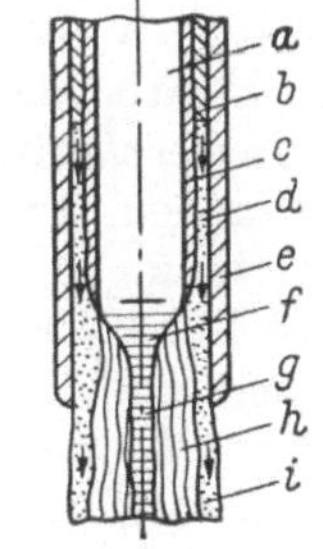

Abb. 93 Schema einer Kupfer-Schlauchelektrode *a* Kerndraht, *b* gasbildende Schicht, *c* Schlacke, *d* Stromungsringraum, *e* Schlauch, *f* Fadenbildung, *g* Werkstoff + Schlacke, *h* rohrförmiger Lichtbogen, *i* Gasringstrom

---

[1] Für die Legierungen gibt es einen Schmelz*bereich* (unterer bis oberer Schmelzpunkt); hier sind die oberen Schmelzpunkte angegeben.

überragt, während die Zwischenschicht Schlacke und Gas als Schutz der Schweiße bildet. Dadurch erhöht sich die Schweißspannung auf 70 bis 80 Volt. Der Schlauch ermöglicht eine hohe Wärmekonzentration und damit geringere Vorwärmung und höhere Schweißgeschwindigkeit. Durch Veränderung der Lichtbogenlänge kann der Schweißer die zugeführte Wärmemenge den jeweiligen Erfordernissen anpassen. Für die Nahtvorbereitung gelten sinngemäß die für Stahlschweißen gemachten Angaben (Abschn. 33). Die Handhabung der Schlauchelektrode erfordert Anleitung und gründliche Einarbeitung des Schweißers. Zur Feststellung der Stromstärke (Gleichstrom,

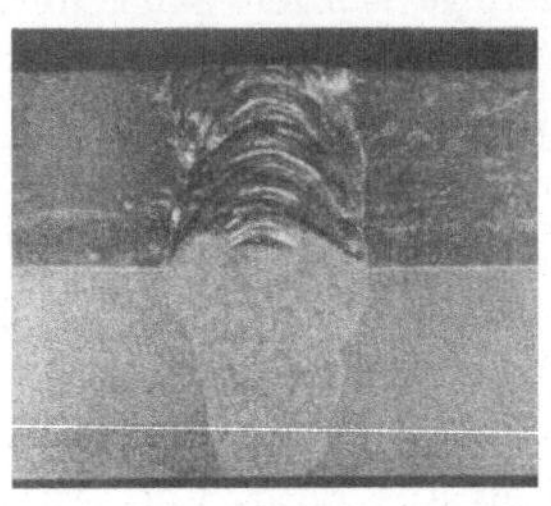

Abb. 94. Stumpfnaht mit V-Fuge an 15 mm starken Kupferschienen. Vorwärmung auf kirschrot, Mehrlagenschweißung, Elektrode 4 mm ⌀, 140 A

Elektrode am Pluspol) werden öfter Richtwerte angegeben, aber für eine bestimmte Arbeit ist eine Probeschweißung auf Abfallblech das einfachste Mittel. Zu hohe Stromstärke ergibt einen starken Spritzverlust. Ist sie zu niedrig, kommt kein richtiger Schmelzfluß zustande, auch ist die Schweißraupe zu stark gewölbt und hat keine gleichmäßige Form. Die Wahl der richtigen Stromstärke ist daher äußerst wichtig.

Bei Werkstücken, die zum Schweißen vorgewärmt werden müssen, darf sich der Anfänger nicht verleiten lassen, wenn die Vorwärmung unzureichend ist und daher bei Beginn der Schweißung kein richtiger Schmelzfluß zustande kommt, etwa durch Steigerung der Stromstärke die fehlende Vorwärmung ausgleichen zu wollen. Er erzielt dann doch keine Verschmelzung, sondern nur ein Abtropfen der Elektrode.

Man hält die Elektrode etwas nach rechts geneigt und schweißt von links nach rechts, wodurch eine gute Beobachtung des Schmelzflusses möglich ist. Geführt wird die Elektrode meist strichförmig, bei breiteren Schweißraupen in leicht pendelnder Bewegung, halbkreisartig. Der Lichtbogen soll möglichst kurz und gleichmäßig gehalten werden. Abb. 94[1] zeigt eine Stumpfschweißung.

Bei größeren Wandstärken müssen die Kupferschweißnähte noch in der Wärme gehämmert werden, um die Festigkeit und Dehnung zu verbessern. Dabei schließen sich auch etwaige Poren, entstehende Schrumpfspannungen lösen sich aus.

Kupfer läßt sich auch mit *anderen* Werkstoffen, z. B. Stahl, zusammenschweißen. Auch Auftragschweißen von Kupfer auf Stahl ist möglich. In diesem Falle braucht man das Werkstück nicht vorzuwärmen, weil der Stahl die Wärme nicht so schnell ableitet. Wird Stahl mit Kupfer verbunden, ist nur das Kupfer vorzuwärmen und der Lichtbogen mehr auf dieses zu halten.

Kupferplattierte Stahlbleche kann man schweißen, indem erst die Stahlbleche verbunden werden und danach mit Überschweißen der Stahlschweißnaht ·die Plattierungen.

b) Das *Wolfram-Inert-Schweißen* ist für Kupfer, in welchem die inerten Gase nicht löslich sind, hervorragend geeignet[2]. Verwendet werden dabei vorzugsweise die sauerstofffreien Kupfersorten mit Blechstärken von 0,5 bis 25 mm. Über 12 mm können größere Platten, die die Wärme schnell ableiten, Schwierigkeiten bereiten. Als einziges Metall erfordert Kupfer bei Blechdicken über 5 mm auch beim WI-Schweißen ein *Flußmittel*, wie es beim Gasschmelzschweißen verwendet wird.

Kupfer wird im allgemeinen mit Gleichstrom geschweißt (thoriierte Wolframelektrode am Minuspol), für dünne Bleche bis 1 mm kann auch Wechselstrom

---

[1] Die Abb. 94 bis 101, 104 bis 107 wurden dem Verfasser von der Firma *Vereinigte Wiener Metallwerke* (Dipl.-Ing. BENNO SIXT) zur Verfügung gestellt, wofür auch an dieser Stelle verbindlichst gedankt sei.

[2] Da Stickstoff im oxydfreien Kupfer auch bei hohen Temperaturen nicht löslich ist, kann man nach amerikanischen Untersuchungen [2] Kupfer mit Wolframelektroden auch unter Stickstoff statt Argon als Schutzgas schweißen. Auch Kohleelektroden lassen sich unter Stickstoff verwenden. In den untersuchten Fällen war der Zusatzwerkstoff 3%ige Siliziumbronz.e

benutzt werden (mit HF-Gerät, s. S. 8). Bleche ab 5 mm Dicke sollten immer mit Anwärmen und über 10 mm Dicke, wie beim Gasschweißen, in senkrechter Lage geschweißt werden. Dabei kann auch während des Schweißens ein laufendes Anwärmen mit der Azetylen-Sauerstoff-Flamme ratsam sein.

Sorgfältige Vorbereitung der Blechstöße ist besonders wichtig. Zunder und Schmutzschichten sind mit Drahtbürste oder Stahlwolle zu entfernen, Fett und Öl am besten mit Trichloräthylen („Tri") oder Perchloräthylen („Per") zu beseitigen.

c) Das *Metall-Inert-Schweißen* kommt für größere Blechdicken von 3 mm an in Frage. Bemerkenswert ist die große Abschmelzleistung bei diesem Verfahren und die dadurch bedingte große Vorschubgeschwindigkeit des Drahtes, die auch beim Handschweißen automatisch erfolgt. Nur Gleichstrom. Nachrechtsschweißung.

54. Messing und Sondermessing bestehen vorwiegend aus Kupfer und Zink und sind in DIN 17660 und 17661 genormt. In den Bezeichnungen, z. B. Ms 58 oder SoMs 58, bedeuten die Zahlen den Kupfergehalt in Prozent. Dazu kommen in einigen Fällen zur Erhöhung der Zerspanbarkeit einige Prozent Blei (Pb) und bei Sondermessing verschiedene Legierungsmetalle zur Verbesserung der Festigkeit, Korrosionsbeständigkeit usw. Die bei Kupfer besprochene Gefahr der Wasser-

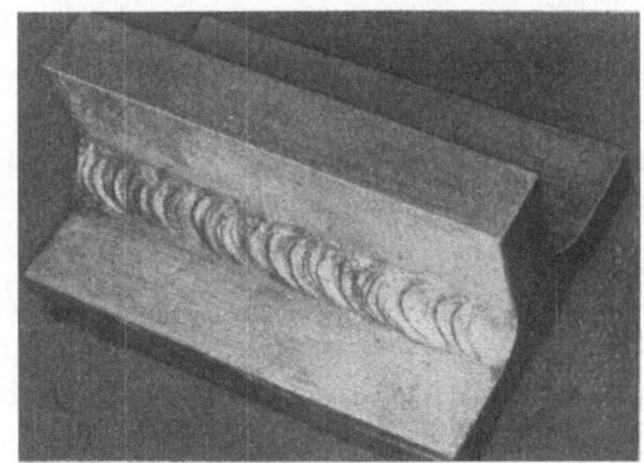

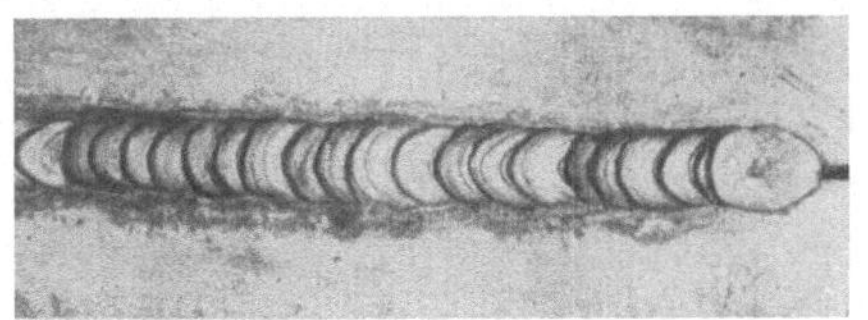

Abb. 95. Stumpfnaht mit Wurzelspalt, Messing Ms 63. Blechdicke 4 mm, ohne Vorwärmen, Elektrode 4 mm ⌀, 125 A

Abb. 96. T-Stoß Messing Ms 63, Materialstärke 15 mm, Vorwärmen auf rd. 600° C. Wannenlage, Einlagenschweißung, Elektrode 4 mm ⌀, 150 A

stoffaufnahme ist bei Messing gering. Messing läßt sich besser schweißen als Kupfer, weil seine Wärmeleitfähigkeit geringer ist (Tabelle 8). Bei den Schweißtemperaturen (900 bis 1000° C) tritt leicht eine Verdampfung von Zink ein (Zink: Schmelzpunkt 420° C, Siedepunkt 907 °C), wodurch poröse oder durch Kupferanreicherung andersgefärbte Schweißnähte entstehen; deshalb ist zum einwandfreien Schweißen von Messing eine gewisse Einarbeitung und Erfahrung notwendig. Bei Verwendung dick umhüllter Elektroden kann Messing mit dem Lichtbogen recht gut geschweißt werden. Beispiele sind Abb. 95 u. 96.

Die *Schutzgasverfahren* machen Flußmittel entbehrlich, auch tritt dabei nur eine geringe Zinkverdampfung auf. Es ist anzunehmen, daß diese Verfahren für das Schweißen von Messing und Sondermessing in zunehmendem Maße verwendet werden.

55. Aluminiumbronzen, nach DIN 1714, Aluminiumgehalt bis rd. 11%, haben als Guß- und Knetlegierungen sehr gute Korrosionsbeständigkeit und hohe Warmfestigkeit. Bei den Gußlegierungen ergibt das Lichtbogenschweißen nicht ganz die gleichen Gütewerte wie das Gasschweißen, aber bei den Knetlegierungen haben sich die Lichtbogenschweißverfahren mit bestem Erfolg eingeführt.

a) Beim *Elektrodenschweißen* (Gleichstrom, Elektrode am Pluspol) hängt die Güte der Schweißnaht sehr von der Geschicklichkeit des Schweißers ab. Die Stromstärke, für Elektroden von 3 bis 6 mm rd. 90 bis 230 A, darf nur so hoch eingestellt werden, wie es ein gutes Aufschmelzen des Werkstoffes bedingt. Zu hohe Stromstärken ergeben starkes Spritzen und Porenbildung, zu niedrige rauhe und ungleichmäßige

Nahtoberflächen. Die Schlacken werden mit heißem Wasser und einer Wurzel-bürste beseitigt.

Beim *Auftragen von Aluminiumbronze auf Stahl* (Abb. 97) muß die Elektrode so gehalten werden, daß die Schweißraupe von der Schlacke gedeckt wird. Geführt wird die Elektrode jedoch nicht strichförmig, sondern stets pendelnd-halbskreisartig, wobei je nach Elektroden-durchmesser die Breite der Schweißraupe bis rd. 30 mm betragen soll. Das Pendeln der Elek-trode hat ziemlich rasch zu erfolgen, jedoch ist an den seitlichen Rändern der Schweißraupe das Tempo zu verlangsamen, wodurch erreicht wird, daß das Schweißbad über die ganze Breite

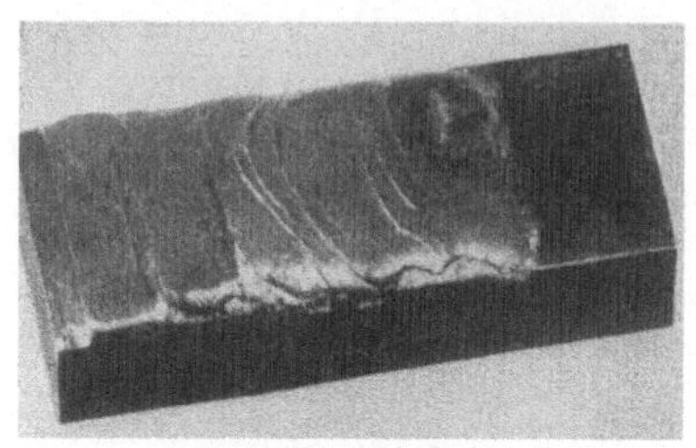

Abb. 97. Plattierung von Aluminiumbronze auf Stahl

stets gut flüssig bleibt. Der nicht zu lange Lichtbogen ist hierbei zwecks guter Verschmelzung auf das abge-setzte Material zu richten. Die Stromstärke wird am einfachsten durch eine Probeschweißung ermittelt. Sie ist dann richtig, wenn nur eine Bindung mit dem Grundmaterial, keinesfalls aber ein zu tiefer Einbrand, erzielt und Schlackeneinschlüsse vermieden werden. Bei tiefem Einbrand wird das aufgetragene Schweiß-gut in der Mischzone stellenweise mit Stahl durchsetzt. Eine solche Schweiße ist kaum bearbeitbar, auch kann bei Mehrlagenschweißung Stahl in die zweite Lage gelangen, was auf jeden Fall vermieden werden muß. Bei Elektrodenwechsel ist der Lichtbogen nicht im Endkrater, sondern etwa 15 mm vor diesem zu ziehen.

Erst nach Aufschmelzen des Endkraters ist die Schweißung weiterzuführen. Wichtig ist, daß die Schlacke bei allen Schweißungen, besonders an den Rändern, restlos entfernt wird.

b) Beim *WI-Schweißen* werden die V-Nähte mit einem Flankenwinkel von 90° vorbereitet. Geschweißt werden über 5 mm starke Bleche in 2 Lagen, 10 mm in 3 und 15 mm in 4 bis 5 Lagen. Mit diesem Verfahren läßt sich auch gut Alu-miniumbronze mit Kupfer verschweißen.

c) Beim *MI-Verfahren* sind die Stromstärken für Bleche von 3 bis 20 mm Dicke rd 250 bis 450 A zum Abschmelzen des Drahtes in der ersten Lage. Für die weiteren Lagen sind sie etwas höher. Üblich sind bis zu 4 Lagen mit Schweißleistungen von 0,6 bis 0,2 m/min, je nach Blechdicke und Lagenzahl. Bis 5 mm Blechdicke beträgt der Elektrodendurchmesser 1,6 mm, darüber 2,4 mm.

Anmerkung: Das MI-Verfahren ermöglicht einen neuartigen Aufbau des *Schweißdrahtes.* Bei manchen Legierungen, z. B. Aluminiumbronze, war es wegen der Sprödigkeit des Metalles nicht möglich, hinreichend *dünne* Drähte herzustellen. Es gelang aber, feine Einzeldrähte aus reinen Legierungsbestandteilen in dem gewünschten Mengenverhältnis zu Drahtbündeln zu verdrillen. Beim Abschmelzen dieses verdrillten Drahtes bildet sich die angestrebte Legierung und unter fast sprühartigem Materialübergang entsteht eine Schweiße von gleichförmiger Zusammensetzung.

56. Die übrigen Kupferlegierungen. a) *Zinnbronzen* sind als Gußlegierungen mit Gehalten von 10 bis 20% Zinn nach DIN 1705, als Knetlegierungen (Walzbronzen) mit Zinngehalten von 2 bis 9% nach DIN 17662 genormt (vgl. Werkstattbuch Heft 45 [*1*]).

Walzbronze besitzt eine hohe Festigkeit und ist besonders beständig gegen Korrosionen. Ihr Schmelzbereich liegt bei 6% Zinngehalt zwischen 910 und 1040° C. Bei *Gußbronze* ist die Festig-keit und besonders die Dehnung wesentlich geringer als bei der Walzbronze. Ihr Schmelz-bereich liegt bei 14% Zinngehalt zwischen 800 und 970° C.

Elektroden aus Walzbronze werden vor allem für dehnungsfeste Verbindungen ver-wendet, ferner zum Ausfüllen von Lunkern an Gußstücken, zur Verbindung von Bronze und Rotguß mit Stahl, auch zu Arbeiten an Kupfer, wobei allerdings die Farbe der Schweiße von der des Kupfers abweicht.

Beim Schweißen der Zinnbronzen ist die Stromstärke bei gleichem Elektroden-durchmesser niedriger als bei Kupfer. Die zu schweißenden Werkstücke müssen sauber sein. In Risse eingedrungenes Öl sowie Fettrückstände, z. B. bei Lager-schalen, können durch Benzin nicht restlos entfernt werden. Sie werden zweck-mäßig durch Erwärmen des Werkstückes beseitigt. Bei Gußstücken sind Reste von

Formsand durch Auskreuzen aus den Lunkern zu entfernen. Kleinere Werkstücke aus Zinnbronze können wegen der geringeren Wärmeleitfähigkeit (Tabelle 8) ohne Vorwärmung einwandfrei geschweißt werden. Bei Auftragarbeiten an Kanten und schmalen Stegen — hierbei Elektrode möglichst steil halten — ist Vorwärmen gleichfalls nicht nötig. Hohlkörper aus Gußbronze sowie größere Werkstücke sind jedoch vorzuwärmen. Bei umfangreichen Arbeiten an solchen Gußkörpern ist es zweckmäßig, in nicht zu langen Abschnitten unter Einschaltung angemessener Pausen zu schweißen. Die Nachbehandlung ist die gleiche wie beim Warmschweißen von Grauguß, also nochmaliges Erwärmen und langsames Abkühlen. Schweißen aus Walzbronze können warm und kalt gehämmert werden. Abb. 98 zeigt eine Verbindungsschweißung von Walzbronze.

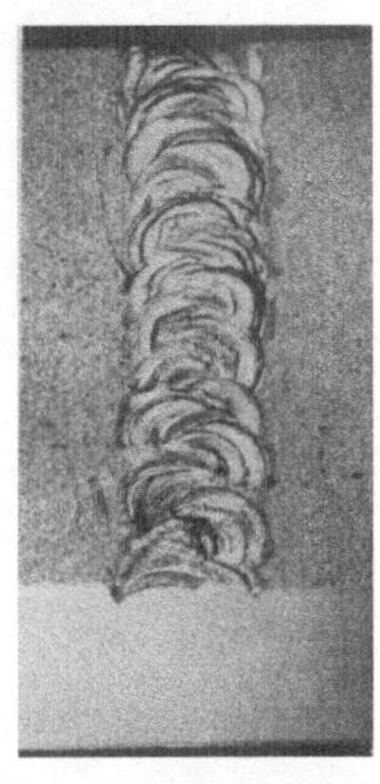

Abb. 98. Stumpfnaht mit V-Fuge, Walzbronze 10 mm dick, ohne Vorwärmen, 3 Lagen, Walzbronzeelektrode 4 mm ∅, 140 A

Gußbronze neigt zu Kaltsprödigkeit, weshalb solche Schweißen mit Rücksicht auf die Rißgefahr weder warm noch kalt gehämmert werden dürfen. *Elektroden aus Gußbronze* werden für verschleißfeste Auftragarbeiten, wie auch für verschiedene Schweißungen an Gußkörpern verwendet. Abb. 99 zeigt eine Auftragschweißung auf Gußbronze. Gußbronzen können auch mit Walzbronze geschweißt werden. Wenn jedoch eine verschleißfeste Auftragschweißung durchzuführen ist, mithin die Schweiße dieselben mechanischen Gütewerte wie das Grundmaterial aufweisen soll, dann muß stets die hierfür geeignete Elektrode aus Gußbronze verwendet werden. Mit dem höheren Zinngehalt sinkt auch der Schmelzpunkt. Die Gußbronzen erfordern daher eine geringere Stromstärke als Walzbronzeelektroden, was ein aufmerksamer Schweißer recht bald herausfinden wird.

Glockenbronze enthält den größten Zinngehalt. Sie ist sehr spröde. Bei Werkstücken aus dieser Legierung, Glocken, Spurlager u. dgl., ist das Vorwärmen mit größter Vorsicht und unter ständiger Kontrolle vorzunehmen, da diese Legierung in erwärmtem Zustande eine nur sehr geringe Festigkeit aufweist und bei unsachgemäßer Steigerung der Temperatur allzu leicht und plötzlich Verformungen auftreten können, die das Werkstück unbrauchbar machen. Die Gußbronzeelektrode soll die gleiche Zusammensetzung wie das Grundmaterial haben.

Abb. 99. Auftragschweißung auf Gußbronze 10 mm stark, ohne Vorwärmung, 2 Lagen, Gußbronzeelektrode, 4 mm ∅, erste Lage 130 A, zweite Lage 120 A

b) *Siliziumbronze* kommt für geschweißte Teile vorwiegend als Blechwerkstoff mit 3% Silizium in Frage, hat etwa die doppelt so große Festigkeit wie Kupfer und dabei größere Korrosionsbeständigkeit gegen Säuren und Laugen. Anwendung im Behälter- und Apparatebau. Mit dem Lichtbogen lassen sich auch Kehlnähte einwandfrei durchschweißen. Die Nahtkanten und Schweißstäbe müssen metallisch blank vorbereitet werden. Infolge der geringen Wärmeleitfähigkeit dieses Werkstoffes (Tabelle 8) ist Vorwärmen nicht erforderlich. Das Schmelzbad ist sehr dünnflüssig, deshalb wird im allgemeinen in waagerechter Lage geschweißt. Die Nähte werden nach dem Schweißen nicht gehämmert.

Die höchstwertigen Verbindungen ergibt bei den Siliziumbronzen das *Schutzgasschweißen*. Das WI-Verfahren kommt für dünne Bleche bis 4 mm Dicke in Betracht, unter 3 mm mit Wechselstrom, sonst mit Gleichstrom. Wechselstrom ergibt durch Aufbrechen der Schlackendecke ein klareres Schmelzbad. Über 4 mm wird das MI-Schweißen angewendet. Dabei ist die Badoberfläche metallisch blank und schlackenfrei.

c) *Kupfer-Nickel-Legierungen*, die eine gute Korrosionsfestigkeit, besonders gegen Seewasser, aufweisen, mit 30 und 10% Nickel, sind in den USA hinsichtlich ihrer Schweißfähigkeit geprüft worden. Dabei haben das Wolfram- und das Metall-Inert-Schweißen gute Ergebnisse gezeigt. Gegen Porosität half ein Titanzusatz von 0,09% zum Zusatzdraht; ein Zusatz von 0,3% Silizium ergab erhöhte Festigkeit der Schweiße. Bei Mehrlagenschweißung ist jede Lage auf Raumtemperatur abzukühlen, bevor die nächste gelegt werden kann. Titan bewirkt Reinigung von Sauerstoff durch Schlackenbildung und Entweichen von Gasen [24].

Abb. 100. Lokomotiv-Achslager, Führungsleisten aus Rotguß Rg 5 mittels Walzbronzeelektrode mit Stahlgußgehäuse verschweißt. Anmerkung: Bei der deutschen Bundesbahn ist diese Arbeitsausführung nicht üblich

Abb. 101. Schnittbild zu Abb. 100

d) *Rotguß* ist eine Legierung aus Kupfer, Zinn und Zink mit sehr guten Gleiteigenschaften, auch einer guten Beständigkeit gegen Korrosionen. Seine Zusammensetzung ist nach DIN 1705 genormt. Für das Schweißen kommen hauptsächlich die Legierungen Rg 5 und Rg 10 bei Verwendung von Gußbronzeelektroden in Betracht. Dabei handelt es sich um die Ausfüllung von Lunkern und sonstige Reparaturen an Gußstücken. Für die Verbindung von Rotguß mit Stahl nimmt man jedoch eine Walzbronzeelektrode. Ein Anwendungsbeispiel ist die praktisch bewährte Instandsetzung an Gehäusen für Lokomotivachslager (Abb. 100). Die beiderseitigen Grundplatten und seitlichen Führungsleisten aus Rotguß Rg 5 werden unter Verwendung einer Walzbronzeelektrode mit dem Stahlgußgehäuse verschweißt. Der Lichtbogen wird dabei mehr auf den Stahlguß gerichtet, um eine Überhitzung des Rotgusses zu vermeiden. Die gute Verschmelzung der Walzbronze mit dem Rotguß ist aus dem Schnittbild Abb. 101 ersichtlich, während sich am Stahlguß, der ja eine viel höhere Schmelztemperatur hat, die Haftung einer Lötverbindung zeigt.

H. Schweißen der Leichtmetalle[1]

57. Die Arten der Leichtmetalle. *Reinaluminium* ist in DIN 1712 genormt. Es wird mit Reinheitsgraden von 99 bis 99,9% hergestellt. Die *Aluminium-Legierungen* sind in DIN 1725 genormt: Bl. 1 Knetlegierungen, Bl. 2 Gußlegierungen. Bei Gußlegierungen steht ein G, bei Druckgußlegierungen ein DG vor der Bezeichnung, die die chemische Zusammensetzung angibt[2]. Die in den Bezeichnungen hinter bestimmten Legierungsbestandteilen stehende Zahl gibt den Anteil an, z. B. haben AlMg 3 und AlMg 3 Si als Hauptlegierungsbestandteil 2 bis 4% Mg.

Die Knetwerkstoffe AlMgSi und AlCuMg sind *aushärtbar*, d. h. ihre Gütewerte (Festigkeit usw.) können durch eine nach genauer Anweisung durchzuführende Wärmebehandlung wesentlich erhöht werden. Die übrigen Knetwerkstoffe können im weichen oder preßharten Zustande, aber auch *halbhart* oder *hart*, d. h. ebenfalls mit erhöhten Gütewerten, geliefert werden. Alle diese Vergütungen werden beim Schweißen im Bereich der Wärmeeinflußzone *beseitigt*. In

---

[1] Das Schweißen der Leichtmetalle wird in einem besonderen Werkstattbuch (Heft 85, s. [1]) behandelt. Deshalb kann hier nur die neuere Entwicklung unter Hinweis auf die wichtigsten praktischen Fragen kurz gestreift werden. Weitere Angaben findet man: Über Aluminium und seine Legierungen im Aluminium-Taschenbuch und den Al-Merkblättern [25], über Magnesium und seine Legierungen im Magnesium-Taschenbuch [26], über Eigenschaften und Verwendung der Leichtmetalle im Werkstattbuch Heft 53 [1].

[2] Chemische Zeichen: Al Aluminium, Cu Kupfer, Mg Magnesium, Mn Mangan, Si Silizium, Zn Zink, Zr Zirkon, Ni Nickel, Ti Titan.

manchen Fällen kann man Werkstücke nach dem Schweißen vergüten. Im übrigen muß beim Konstruieren vorstehendes beachtet werden.

Über die *Schweißbarkeit* des Aluminiums und seiner Legierungen im weichen bzw. preßharten Zustande gilt folgendes (nach Al-Taschenbuch):

Sehr gut schweißbar: Rein-Al, AlMn, AlMg 3 Si, AlMgMn, AlMgSi,
gut schweißbar: AlMg 3, AlMg 5, AlCuMg,
nur mit Einschränkung schweißbar: AlMg 7.

Magnesium hat im reinen Zustande nur geringe Festigkeit und wird deshalb praktisch nur in Legierungen verwendet. Die *Magnesium-Legierungen* sind in DIN 1729 genormt: Bl. 1 Knetlegierungen MgMn 2, MgAl 3 Zn 1, MgZr 1, ferner Bl. 2 die Gußlegierungen GMgAl 8 Zn 1 und GMgAl 9 Zn 1.

58. Zusatzdrähte zum Schweißen der Leichtmetalle (nach DIN 1732)[1]:

Für *Rein-Al*: Al-Schweißdraht 99,5 (Kurzbezeichnung SAl 99,5) mit mindestens 99,5% Al und 0,1 bis 0,2% Ti;

für *Al-Legierungen*, vorwiegend AlMgSi und auch AlCuMg: Al.-Leg.-Schweißdraht Si 5 (SAl Si), mit mindestens 93% Al und 4 bis 6% Si;

für *Mg-Legierungen* (Gußstücke): Mg-Guß-Schweißdraht 88 (SMg), mit mindestens 87% Mg, 9 bis 11% Al, bis 2,5% Zn und 0,2 bis 0,5% Mn.

Im Handel sind darüber hinaus noch Elektroden mit Kerndrähten *gleicher* Zusammensetzung wie die Grundwerkstoffe, z. B. (nach Vereinigte Al-Werke, Erftwerk, Grevenbroich): AlSi 10 für GAlSi, AlMgSi für AlMgSi, AlMg 5 für AlMg 3 und 5, AlMn für AlMn und AlMgMn, AlMgMn für AlMgMn, sowie für die entsprechenden Gußwerkstoffe.

In allen Fällen ist es notwendig, die *Verarbeitungsvorschriften* der Leichtmetall-Lieferfirmen genau zu beachten.

59. Die Oxydhaut der Leichtmetalle bildet sich infolge der besonders starken Neigung (Affinität) von Aluminium und Magnesium zum Sauerstoff (vgl. Aluminothermie, Mg-Blitzlicht u. dgl.). Diese Haut ist zwar dünn, aber sehr dicht und fest und schützt das Metall vor weiteren chemischen Angriffen. Beim Schweißen hindert sie die Bindung der Schweiße mit dem Grundwerkstoff. Hautteilchen in der Schmelze wirken wie Schlackeneinschlüsse. Da ihr

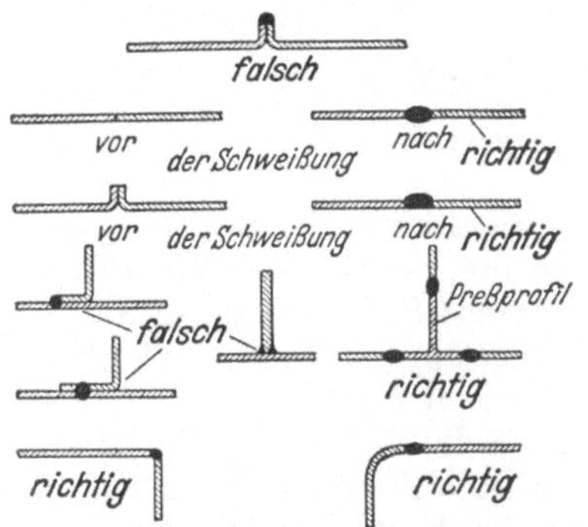

Abb. 102. Schweißnahtformen für Leichtmetalle, die mit Flußmitteln geschweißt werden

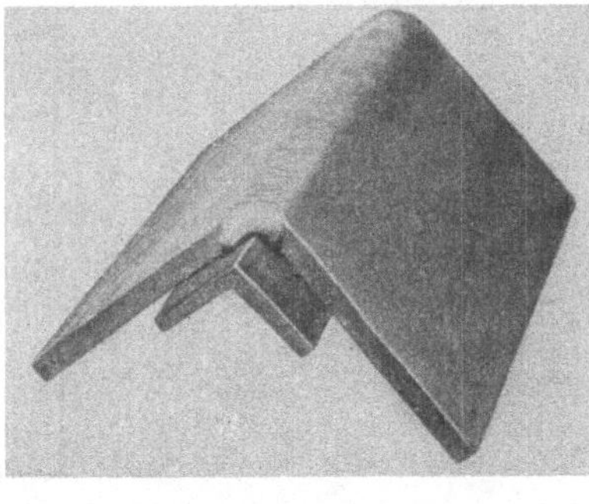

Abb. 103. Ecknahtschweißung von Aluminium

Schmelzpunkt über 2000° C liegt, kann man die Oxydhaut nur chemisch durch Flußmittel (Salzlösungen oder Pasten) wegbeizen oder mechanisch durch den elektrischen Lichtbogen beim Schutzgasschweißen durchbrechen.

In der Umhüllung der Leichtmetallelektroden sind *Flußmittel* enthalten, die die Oxydhaut auflösen und sich als Schlacke auf die Schweißraupe legen. Sie sind hygroskopisch (Feuchtigkeit ansaugend). Bleiben Reste davon an der Schweißnaht zurück und werden feucht, so lösen sie die Oxydhaut des geschweißten Werkstückes auf und legen das darunter sonst geschützt liegende Metall für Anfressungen frei. Deshalb müssen die Leichtmetallschweißnähte mit Hammer

---

[1] Maßgebend ist die neueste Ausgabe des Normblattes, die vom Beuth-Vertrieb, Berlin W 15 oder Köln, zu beziehen ist.

und Bürste von Flußmittel- und Schlackenresten gereinigt und beiderseits mit Wasser abgewaschen, oder wenn es die Form des Werkstückes zuläßt, in Natriumlauge gebeizt, mit verdünnter Salpetersäure neutralisiert und danach sorgfältig mit Wasser abgespült werden. Abb. 102 zeigt die für das Leichtmetallschweißen bei Verwendung von Flußmitteln geeigneten Nahtformen, die keine unzugänglichen Stellen für Reste von Flußmitteln haben dürfen.

Infolge des hohen Schmelzpunktes der Oxydhaut kann es beim Anwärmen oder Schweißen von Leichtmetallteilen vorkommen, daß das Metall unter der Haut schon flüssig wird und plötzlich ein Loch entsteht, weil Temperaturen unter 600° C äußerlich nicht zu erkennen sind. Deshalb ist es zweckmäßig und vielfach notwendig, dünnwandige Leichtmetallteile beim Schweißen mit Stahlschienen oder Profilen zu unterlegen (Abb. 103).

Der große Vorteil des Schweißens unter *Schutzgas* besteht darin, daß hierbei *keine* Flußmittel nötig sind. Daher fallen die vorstehend genannten Reinigungsarbeiten nach dem Schweißen fort, auch bestehen keine Schwierigkeiten bei der Wahl beliebiger Schweißnahtformen.

60. Die Schweißverfahren für das Leichtmetallschweißen. Einen Überblick gibt Tabelle 9. Auf das Gasschweißen wird hier nicht eingegangen (s. Heft 85).

Tabelle 9. *Anwendungsbereich der Schweißverfahren beim Leichtmetallschweißen*
(*nach Al-Taschenbuch*)

	Gasschweißen	Elektrodenschweißen	Wolfram-Inert-Verfahren	Metall-Inert-Verfahren
Materialdicke .... mm	0,3 bis > 30	3 bis > 20	0,5 bis 8 (12)	4 bis > 30
Flußmittel......................	ja	ja	nein	nein
Stumpfnähte	gut	gut	gut	gut
Überlappnähte	nein	nein	gut	gut
Kehlnähte	nein	nein	gut	gut
Bördelnähte	bis 2 mm	nein	bis 1,6 mm	nein
Schweißposition — waagerecht	gut	gut	gut	gut
Schweißposition — senkrecht	gut	schwierig	gut	gut
Schweißposition — überkopf	schwierig	nein	gut	gut

a) *Reinaluminium* kann nach allen Verfahren geschweißt werden, entsprechend Tabelle 9. Beim *Elektrodenschweißen* verwendet man stark umhüllte Elektroden (Gleichstrom am Pluspol). Vor Feuchtigkeit schützen! Sonst große Spritzverluste. Vorteilhaft Aufbewahrung nachts vor dem Verbrauch in einem noch warmen Ofen. Gründliche Säuberung der Schweißkanten, in dreifacher Raupenbreite mit Stahlbürsten reinigen und dann nicht mehr mit der Hand berühren!

Blechdicken bis 5 mm werden nicht vorgewärmt, größere Dicken auf 150 bis 250° C, mit Gasbrenner, Gußteile immer auf 150 bis 200° C. Nahtformen für Stumpfnähte: Bis 6 mm Blechdicke I-Naht, darüber Y-Naht bis 10 mm, dann V-und X-Nähte. ab 10 mm in Mehrlagenschweißung. Öffnungswinkel 90°. Spaltbreite (Stegabstand) bis 3 mm Blechdicke und bei Mehrlagenschweißung 0 mm,

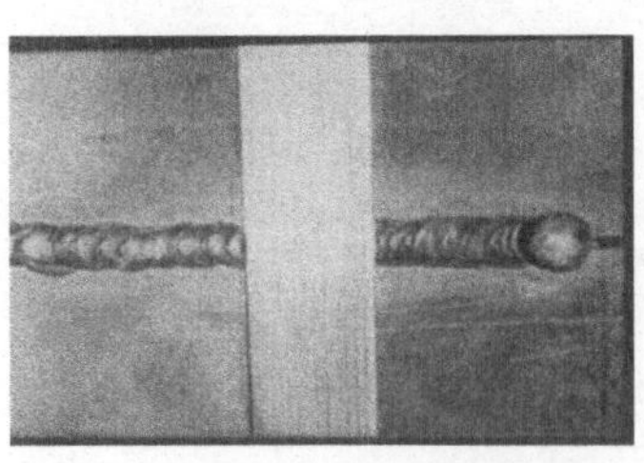

Abb. 104. Stumpfnaht Reinaluminium, Blechdicke 4 mm, mit teilweise abgehobelter Schweißraupe, ohne Vorwarmung, Rein-Al-Elektrode 4 mm ⌀, 100 A

bei den kleinen Blechdicken aber obere Kanten brechen! Spaltbreite von 4 bis 9 mm Blechdicke 2 bis 4 mm. Manche Firmen machen die Spaltbreite bei I-Nähten gleich Blechdicke, wobei die Bleche auf Stahlschienen festgespannt werden; vorteilhaft auch, weil Aluminium infolge guter Wärmeleitung zu Verwerfungen neigt. Abstand der Heftstellen gleich Schweißlänge einer Elektrode, um jedesmal die nächste Heftstelle noch mit der warmen Elektrode aufschmelzen zu können. Bei Stumpf- und Kehlnähten den Lichtbogen so kurz halten, daß der über den Kern der Elektrode vorstehende, ähnlich Abb. 93 einen Krater bildende Mantel an die Blechkanten nahezu anstößt. Nachrechtsschweißung läßt das Schmelzbad gut beobachten. Führung der Elektrode strichförmig, bei breiterer Nahtfuge pendelnd. Abb. 104 zeigt eine Stumpfnaht an Reinaluminiumblech von 4 mm Dicke.

Das *WI-Schweißen* (mit Wechselstrom und HF-Gerät) erfordert zum Schweißen von Rein-Al kupferfreie Rein-Al-Drähte. Beim Eintauchen in 10%ige heiße Natriumlauge muß der Draht silberglänzend bleiben. Bei Grau- oder Schwarzfärbung ist er ungeeignet. Die Nähte werden vielfach nachgehämmert. Wo das wegen Unzugänglichkeit nicht geht, empfiehlt sich Zusatzdraht mit geringem Titangehalt, der ein hinreichend feines Gefüge ergibt.

Die Vorbereitung der Schweißkanten ist äußerst wichtig. Peinliche Sauberkeit ist Grundbedingung. Nur beiderseits gut entgratete Kanten gewährleisten ein gutes Durchschweißen. Geschweißt wird „nach links". Die Zündung erfolgt bei Annäherung der um etwa 45° geneigten kalten Elektrode auf rd. 3 mm an das Werkstück, bei heißer Elektrode in etwas größerem Abstand. Sobald das Schmelzbad ein blankes glänzendes Aussehen hat, kann das Schweißen beginnen. Überhitzungen, die zu einer stumpfgrauen Nahtoberfläche führen, sind zu vermeiden. Der Zusatzdraht wird 10 bis 20° gegen die Werkstückoberfläche geneigt, frei vom Lichtbogen, doch innerhalb der Argonhülle geführt. Andernfalls oxydiert der Draht und es besteht die Gefahr des Lufteinbruchs in die Schweißzone. Eine Berührung der Wolframelektrode mit dem Werkstück oder dem Zusatzdraht führt zur Verunreinigung der Schweißnaht und zum Angriff der Elektrode. Verunreinigte oder oxydierte Elektroden werden abgebrochen.

Das *MI-Schweißen* (Elektrode am Pluspol) setzt gleichbleibende Spannung voraus (s. Abschn. 4). Der Schweißdraht wird automatisch mit Geschwindigkeiten bis zu 7 m/min zugeführt, er wird nur in Stärken von 1,6 und 2,4 mm verwendet und mit hohen Stromstärken belastet (über 100 A/mm²), damit das Zusatzmaterial in feinen Tröpfchen sprühregenartig übergeht. Stumpfnähte bis 6 mm werden von einer Seite, darüber von zwei Seiten oder als V-Nähte geschweißt.

b) Die *Al-Legierungen* haben einen niedrigeren Schmelzpunkt als Rein-Al, sie können deshalb nicht mit Rein-Al-Zusatzdrähten geschweißt werden. Gußkörper kann man, auch wenn die Legierung nicht bekannt ist, mit der Elektrode AlSi 5 mit bestem Erfolg schweißen. Auch Einschweißen von Flicken in Wände von Hohlkörpern ist ähnlich wie bei Grauguß durchzuführen. Die Legierungen AlMg, AlMgMn und AlMn dürfen auf keinen Fall mit kupferhaltigen Zusatzdrähten geschweißt werden. Ist der zu schweißende Werkstoff nicht bekannt, bestimmt man ihn vor Beginn der Arbeit durch die Tüpfelprobe[1].

Bei den Legierungen sind die Vorschriften der Lieferfirmen genau zu beachten. Vielfach ist *Vorwärmen* nötig. Die Abb. 105 und 106 zeigen im Querschnitt eine ohne und mit Vorwärmen aufgetragene Raupe auf einem Gußstück aus AlSiMg mit einer dick umhüllten Elektrode aus AlSi 5. Diese Elektrode ist beim Schweißen von AlSiMg günstiger als eine solche aus dem gleichen Werkstoff, weil die

---

[1] Von einer 20%igen Natronlauge (20 Teile Ätznatron in 80 Teilen Wasser aufgelöst) läßt man einige Tropfen 2 bis 10 Minuten auf eine blankgeschabte Stelle einwirken und spült sie dann mit Wasser ab. Bei allen kupferhaltigen Legierungen tritt dann eine deutliche Schwärzung und bei kupferfreien Legierungen eine schwach graue bis bräunliche Färbung ein. Rein-Al wird an der benetzten Stelle weiß, während AlSi eine graubraune Farbe zeigt. Magnesiumlegierungen werden nicht angegriffen.

Legierung AlSiMg zur Schweißnahtrissigkeit neigt. Grundsätzlich ist zu merken, daß man mangelndes Vorwärmen nicht durch Erhöhung der Schweißstromstärke ersetzen kann! Bei vorgewärmten Werkstücken gestaltet sich der Schweißvorgang

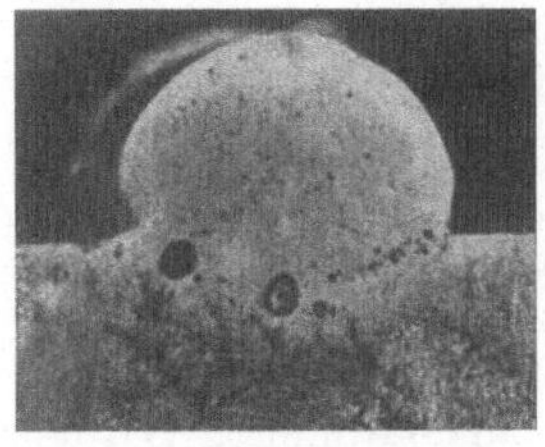

Abb.105. Auftragschweißung auf Gußplatte aus AlMgSi. 20 mm stark, mit Elektrode AlSi 5, 5 mm ∅, ohne Vorwarmen

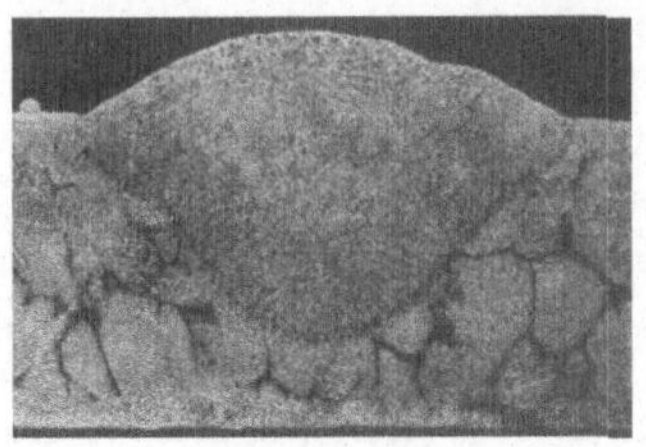

Abb. 106
Dieselbe Schweißung mit Vorwärmen auf 300° C

Abb. 107. Auftragschweißung an einem Gußstück aus GAlSiMg mit Elektrode AlSi 5, 5 mm ∅, 100—120 A, mit Vorwärmen. Die teilweise abgehobelte Schweiße ist vollkommen porenfrei

von Anfang an viel ruhiger und gleichmäßiger, außerdem können die sich entwickelnden Gase aus dem gut flüssigen Schmelzbad entweichen und man erzielt eine porenfreie Schweißung (Abb. 107).

Das *Schutzgasschweißen* der Legierungen entspricht arbeitstechnisch den für Rein-Al gemachten Angaben. Die nicht aushärtbaren Legierungen AlMn und AlMgMn werden wie Rein-Al behandelt. AlMg 3 und AlMg 5 lassen sich ohne Schwierigkeit schweißen, doch dürfen sie nicht überhitzt werden, sonst entstehen unter der Oberfläche feine Kanäle und Risse. Die hohe Schweißgeschwindigkeit der Schutzgasverfahren ist hier deshalb sehr günstig. Auch kann man die Werkstücke zwecks besserer Wärmeableitung beim Schweißen mit wärmeableitenden Stoffen (Kupfer) unterlegen. Besonders überhitzungsempfindlich ist AlMg 7, es läßt nur kurze Nähte zu. Vorgezogen für Schweißarbeiten wird AlMg 3 Si, das weniger empfindlich ist.

Wird Aluminium mit anderen Metallen, mit denen es sich legieren läßt, zusammengeschweißt, so sind die Schweißstellen sehr spröde und im ungeschützten Zustande bei Zutritt von Feuchtigkeit der Kontaktkorrosion ausgesetzt.

c) *Magnesium-Legierungen* kommen wohl hauptsächlich für den Flugzeugbau in Frage und werden vielfach durch Punktschweißen (WI-Punktschweißen) verbunden. Nach dem Magnesium-Taschenbuch [26] steht für das Lichtbogenschweißen von *Gußstücken* das *Kohlelichtbogenverfahren* im Vordergrund, hauptsächlich zur Behebung kleiner Fehlstellen. Sein Vorteil ist die enge Begrenzung der Erwärmungszone, wodurch Verzug und Randzonenauflockerungen des Mg-Gusses vermieden werden. Die *Flußmittel* zur Auflösung der Oxydhaut (Abschn. 59) sind chloridhaltig oder chloridfrei. Bei den letzten wird das Werkstück auf 250 bis 300° C vorgewärmt; Nachbehandlung ist nicht nötig und es besteht auch keine Korrosionsgefahr. Bei Verwendung chloridhaltiger Flußmittel dagegen braucht das Gußstück nicht vorgewärmt zu werden, aber als Nachbehandlung ist sorgfältige Entfernung der Salzreste erforderlich. Auch besteht die Gefahr, daß bei dem schnellen Erstarren der Schweißstelle Flußmittelreste in die Schweiße eingeschlossen werden.

Auch das *Arcatomverfahren* wird angewendet. Ferner gibt es umhüllte Elektroden zum *Elektrodenschweißen* der Mg-Legierungen.

Bei den *Knetlegierungen* wird vorzugsweise *autogen* geschweißt, jedoch werden auch mit dem Kohlelichtbogen befriedigende Ergebnisse erzielt. Das *WI-Verfahren* ist zum Schweißen der Mg-Legierungen geeignet, weil Flußmittel dabei nicht nötig sind und auch dickere Bleche nicht vorgewärmt zu werden brauchen.

Blechdicken bis 1,5 mm werden mit Gleichstrom (Wolframelektrode am Pluspol), dickere Bleche mit Wechselstrom geschweißt (vgl. Abschn. 1 c).

III. Fehler, die der Schweißer vermeiden soll

Wenn auch die vom angehenden Schweißer durchgeführten verschiedenen Probeschweißungen an Altmaterial einigermaßen zufriedenstellend ausfallen, werden die ersten Schweißarbeiten an Stahlkonstruktionen, Werkstücken usw. doch nicht gleich vollwertig sein. — Es werden da und dort kleinere und auch größere Fehler vorkommen, und zwar auch dann, wenn der Anfänger schon einige Übung in der Einstellung der richtigen Stromstärke und in der Erzielung eines gleichmäßigen Einbrandes besitzt. — Ein berufsfreudiger Schweißer wird seine Arbeit selbst kritisch prüfen, denn nur derjenige, der seine Fehler kennt, kann sie auch verhindern.

Nachstehend sind einige der am häufigsten vorkommenden Fehler und die Maßnahmen zu ihrer Vermeidung angegeben.

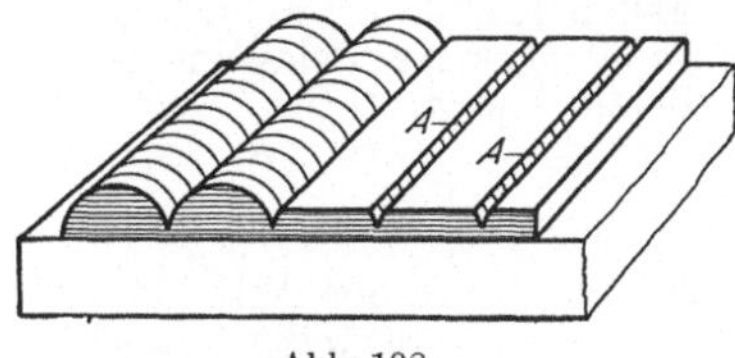

Abb. 108

Es ist falsch, bei Auftragschweißungen die einzelnen Schweißraupen so aneinander zulegen, wie dies die Abb. 108 zeigt, weil beim Abhobeln, Abdrehen oder Abschleifen der Schweiße keine gleichmäßige, fehlerlose Oberfläche entsteht, sondern die Stellen A als Riefen sichtbar bleiben, wodurch eine solche Schweißung unbrauchbar wird.

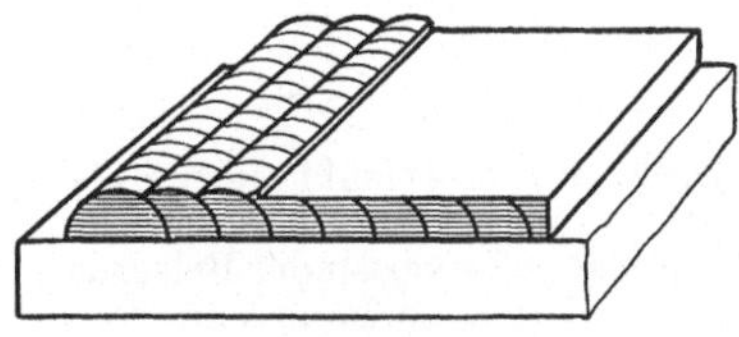

Abb. 109

Es ist richtig, bei Auftragungen die Schweißraupen derart zu legen (Abb. 109), daß die folgenden Raupen ohne Zwischenraum an die vorhergehenden gut anschließen, was durch richtige Haltung, also entsprechende Neigung der Elektrode, erreicht wird. Die nachträgliche Bearbeitung der Auftragschweiße wird in diesem Falle eine brauchbare Oberfläche zeigen.

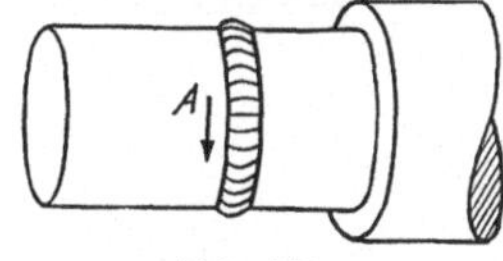

Abb. 110

Es ist falsch, das Auftragen der Schweißraupen auf einer Welle (Abb. 110) in der Richtung des Umfanges A auszuführen, weil, wie die Erfahrung lehrt, durch diese Art der Raupenlegung Spannungen in der Welle hervorgerufen werden und als Folge davon sehr leicht Wellenbrüche vorkommen können.

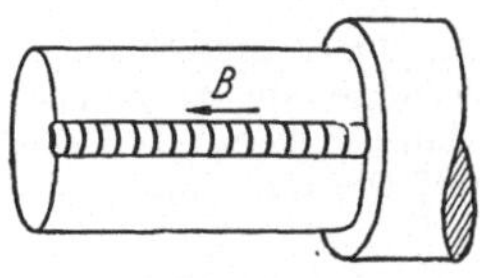

Abb. 111

Es ist richtig, das Legen der Raupen (Abb. 111) nur in der Längsrichtung B der Welle vorzunehmen, bei gleichzeitiger genauer Einhaltung der im Abschn. 40 bereits angegebenen Reihenfolge der einzelnen Schweißraupen, weil sonst ein Verziehen — Werfen — der Welle eintritt. Mit Rücksicht auf das nachherige Abdrehen ist es notwendig, daß die Schweißraupen auf der Wellenstirnseite diese ein wenig übergreifen.

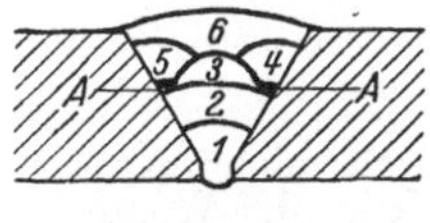

Abb. 112

Es ist falsch, bei Mehrlagenschweißungen die einzelnen Schweißraupen in der durch Ziffern bezeichneten Reihenfolge zu legen (Abb. 112), da an den Stellen A ungebundene Schweißen, also Hohlräume entstehen, wodurch die Festigkeit der Schweißnaht ganz wesentlich herabgesetzt wird.

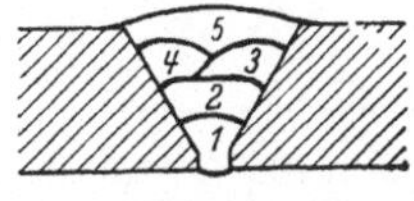

Abb. 113

Es ist richtig, die Reihenfolge der einzelnen Schweißraupen, wie sie durch Ziffern in der Abb. 113 angegeben sind, einzuhalten. Man beginnt demnach mit der Schweißung stets am Rande der Schweißfuge, da — wie bereits in Abschn. 11 erwähnt — die Güte einer Schweißung ganz wesentlich von dem guten Einbrand an den Blechrändern abhängig ist.

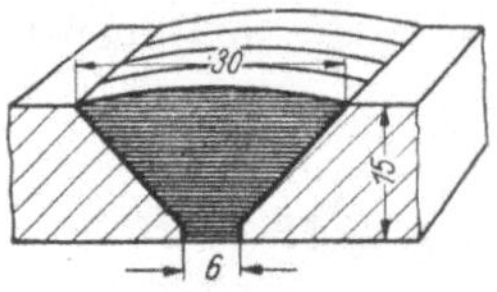

Abb. 114

Es ist falsch, die Schweißkanten so abzuschrägen, wie es beispielsweise an 15 mm starken Blechen in der Abb. 114 dargestellt ist, weil das Ausfüllen einer so breiten Schweißfuge einen nutzlosen Mehraufwand an Arbeitszeit, Strom und Elektroden erfordert und außerdem große Schrumpfspannungen entstehen.

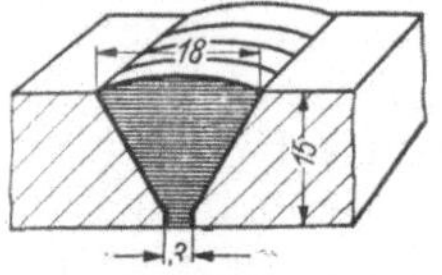

Abb. 115

Es ist richtig, die Schweißfuge nur so breit abzuschrägen (Abb. 115), als dies zum guten Durchschweißen des Querschnittes erforderlich ist. Ausführliche Angaben für die gebräuchlichen Blechstärken wurden bereits im Abschn. 33 gemacht.

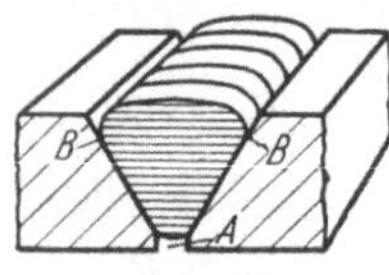

Abb. 116

Es ist falsch, die Nahtwurzel A (Abb. 116) nicht gründlich durchzuschweißen und die oberen Blechränder bei B nicht gut verlaufend zu verschweißen, weil in beiden Fällen Kerben entstehen, die — manchmal schon bei verhältnismäßig geringer Belastung — die Ursache eines Bruches der Schweißnaht bilden.

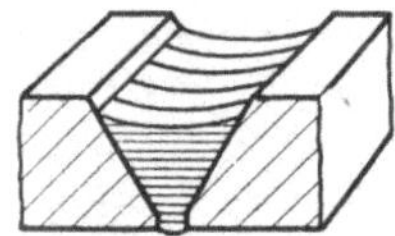

Abb. 117

Es ist falsch, wenn die Deckraupe die Form der Abb. 117 aufweist, weil dadurch die Schweißfuge nicht vollständig ausgefüllt und mithin der Querschnitt geschwächt wird.

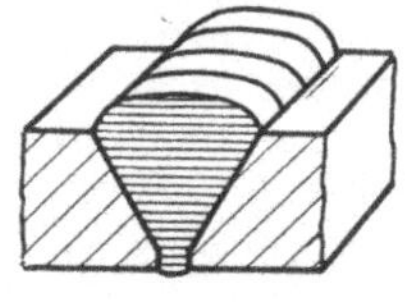

Abb. 118

Es ist falsch, den Wulst der Deckraupe übermäßig hoch aufzutragen (Abb. 118). Eine überhöhte Naht bedeutet ebenfalls eine Kerbe und erniedrigt somit die Festigkeit bei wechselnder Belastung. Wird jedoch die Überhöhung abgearbeitet, so kann eine solche Schweißung nicht als ein Fehler angesehen werden, weil durch die Überhöhung eine Vergütung der unteren Schweißlagen eintritt.

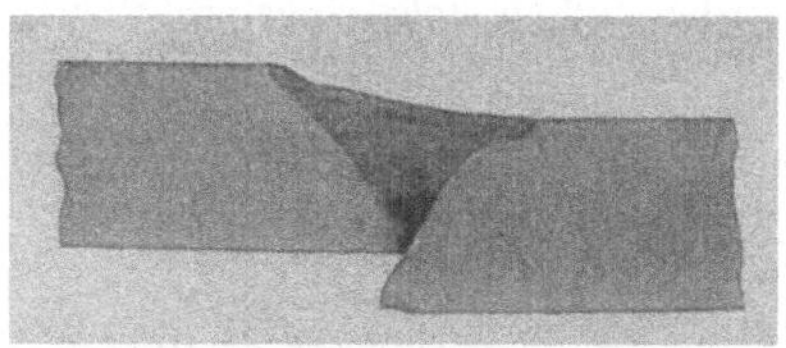

Abb. 119

Es ist falsch, die Bleche, die durch eine Stumpfnaht zu verbinden sind, so ungenau zu lagern, wie dies Abb. 119 zeigt, da dann nur ein Teil des Blechquerschnittes verschweißt werden kann.

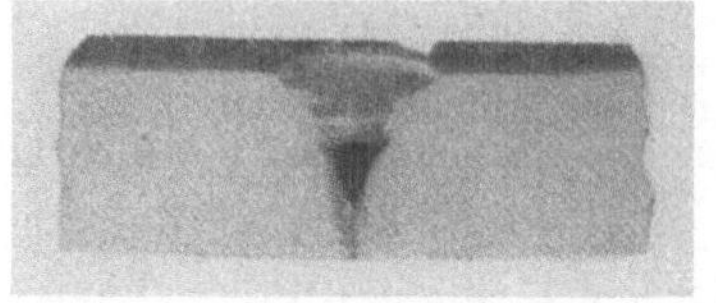

Abb. 120

Es ist falsch, die Bleche sowohl nicht genügend abzuschrägen als auch ohne Spalt an der Wurzel aneinander zu legen. Auch im Falle der Abb. 120 wurden die Bleche nicht in ihrer ganzen Stärke verschweißt.

Es ist richtig, die Schweißfuge fachgemäß herzurichten und die Bleche in die erforderliche Lage zu bringen, so daß der ganze Blechquerschnitt mit der richtig eingestellten Stromstärke und mit möglichst kurzem Lichtbogen gut durchgeschweißt werden kann (Abb. 121). Die Grundraupe ist mit einer dünnen Elektrode zu legen, damit auch die Nahtwurzel richtig erfaßt wird. Einen etwaigen Fehler an der Nahtwurzel behebt man — falls das Werkstück umgedreht wer·en kann — durch das Legen einer wurzelseitigen Raupe *C*, wobei jedoch die fehlerhaften Stellen

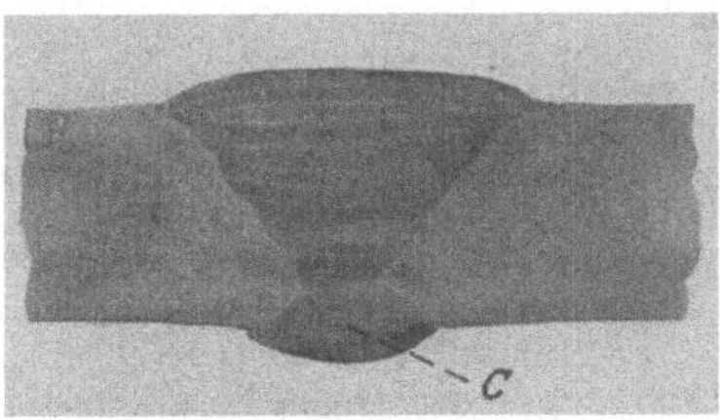

an der Nahtwurzel vorher ausgekreuzt werden müssen, da sonst die Gefahr besteht, daß der durch die Kerbe gebildete Hohlraum letzten Endes doch nicht ganz ausgefüllt wird (vgl. Abb. 45, S. 27).

Es ist darauf zu achten, daß ein allmählich verlaufender Übergang der Deckraupe an den oberen Kanten der Schweißfuge erreicht wird. Die Deckraupe soll nur leicht überhöht sein.

Je genauer die Herrichtung der Schweißfuge durchgeführt wird, desto besser wird die Schweißung ausfallen. Fehler, die durch nicht sorgfältige Zurichtung der Werkstücke gemacht wurden, können durch die Schweißung niemals behoben werden.

Abb. 121

Jeder Schweißer soll sich durch Vornahme von Biegeproben — über einem Dorn am Schraubstock — selbst davon überzeugen, welch überaus schädlichen Einfluß die Kerbwirkung auf die Festigkeit einer sonst gut ausgeführten Stumpfschweißnaht hat, er wird dann gewiß sein besonderes Augenmerk auf einen allmählich verlaufenden Übergang der Deckraupe mit dem Blech sowie auf die gründliche Verschweißung an der Nahtwurzel richten.

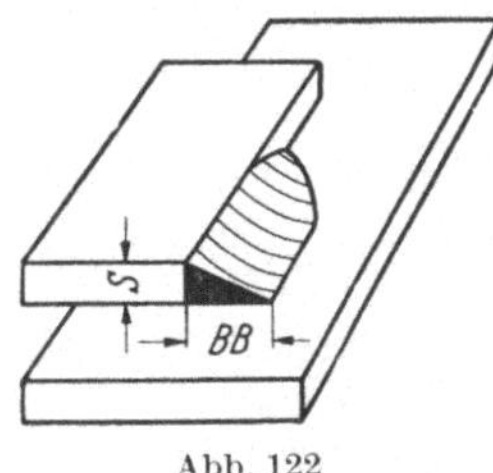

Abb. 122

Es ist falsch, die Kehlnaht so breit zu schweißen, wie dies in der Abb. 122 mit *B B* angegeben ist, weil dadurch keine Erhöhung der Festigkeit erzielt wird. Abgesehen davon, daß eine derartige Schweißung nicht fachgemäß ist, ist sie außerdem infolge Mehraufwand an Zeit, Strom und Elektroden auch unwirtschaftlich. — Im Brückenbau und Stahlhochbau wird diese Ausführung jedoch für *Stirnkehlnähte* (Abb. 25, S. 19) zur Erzielung eines günstigeren Kraftflusses empfohlen (vgl. DIN 4100).

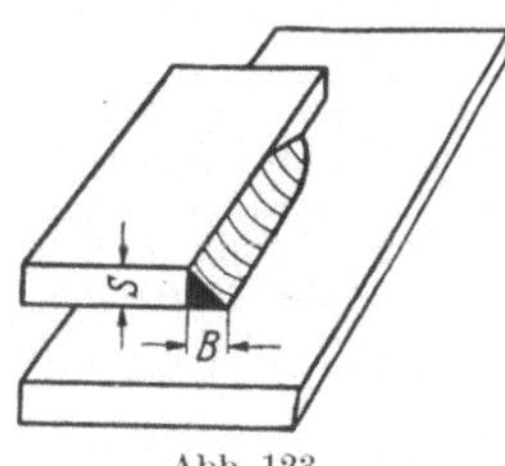

Abb. 123

Es ist richtig, die Kehlnaht so zu schweißen, wie dies die Abb. 123 zeigt, weil die natürliche Form der Kehlnaht, also das gleichschenklige Dreieck, die größte Festigkeit ergibt. Die Kehlnahtbreite *B* soll im allgemeinen gleich der Höhe *S* sein.

Bei im Freien oder sehr nassen Räumen befindlichen Stahlkonstruktionen soll auch die gegenüberliegende Seite durch eine Kehlnaht verschweißt werden, um das Anrosten infolge eingedrungener Feuchtigkeit zu verhindern (s. Abb. 25 u. 27).

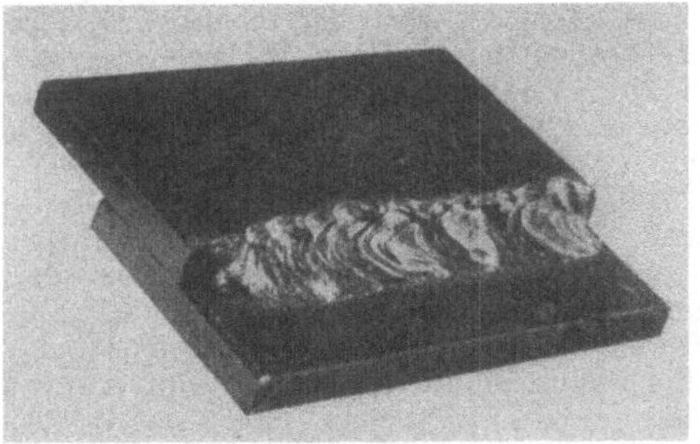

Abb. 124

Es ist falsch, bei dem überlappten Stoß schwächerer Bleche die Kanten des aufliegenden Bleches abzuschmelzen (Abb. 124). Ursachen dieses Fehlers sind: der Lichtbogen wurde zu sehr auf das obere Blech gerichtet, und außerdem wurde eine zu starke Elektrode verwendet (vgl. Abschn. 11 d 3).

Abb. 125

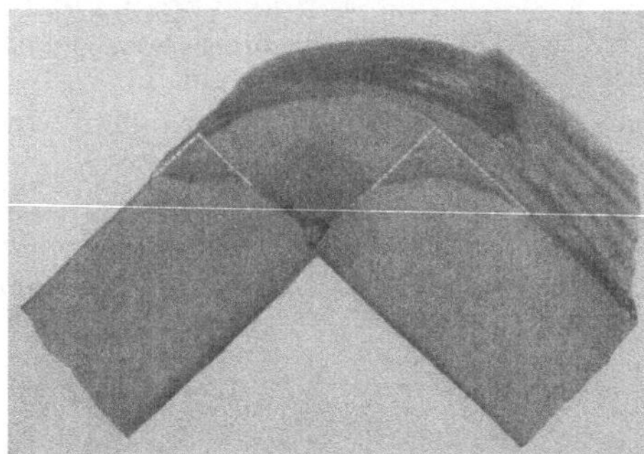

Abb. 126

Es ist richtig, den Lichtbogen mehr auf das untere Blech zu richten und eine schwächere Elektrode zu nehmen. Die Kehlnaht muß die in der Abb. 125 ersichtliche Form haben.

Es ist falsch, einen Eckstoß so auszuführen, daß die Nahtwurzel keinen Einbrand aufweist und außerdem die freien Blechkanten abgeschmolzen werden (Abb. 126). Ursachen der Fehler: zu starke Elektrode und zu niedrige Stromstärke.

Diese Schweißung wurde an 10 mm starken Blechen ausgeführt. In der Vergrößerung ist deutlich zu sehen, daß das Schweißgut in die Wurzel der Eckkehle nur hineingetropft

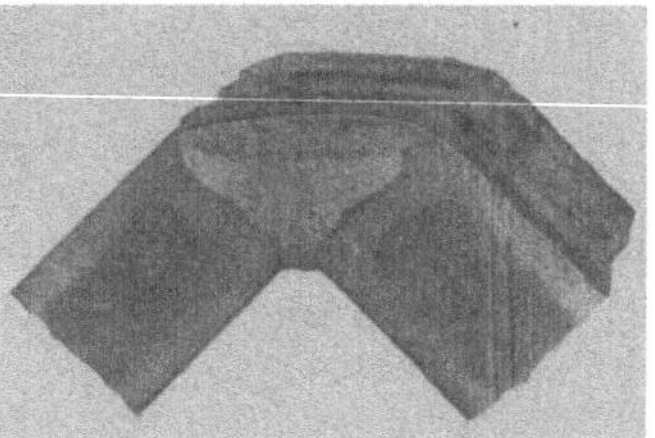

Abb. 127

ist. Es hat also an dieser Stelle eine Verschmelzung mit dem Grundmaterial nicht stattgefunden, ja es haben sogar die Metalltropfen die Wurzel nicht einmal ganz ausgefüllt.

Es ist richtig, wenn in einem solchen Falle zuerst eine Wurzellage mit einer dünnen Elektrode gezogen und erst dann die übrigen Raupen gelegt werden, wie dies Abb. 127 zeigt.

Es ist falsch, eine Kehlnaht in der Zwangslage ohne einwandfreie Verschmelzung in der Wurzel zu schweißen, weil dadurch die Festigkeit der Naht wesentlich vermindert wird

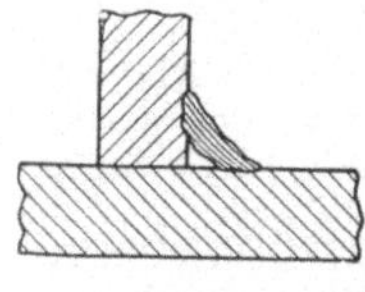

Abb. 128

(Abb. 128). Zu starke Elektrode, zu geringe Stromstärke sind die Ursachen dieses Fehlers. Außerdem können durch nicht richtige Führung der Elektrode Schlackeneinschlüsse entstehen. Für die Wurzelnaht nimmt man bei Blechdicken bis 6 mm entweder 2,5 mm oder 3,25 mm und für die weiteren Lagen 4 mm Durchmesser. Bei Blechdicken darüber hinaus wählt man für die Wurzelnaht 4 mm und für die Decklage 5 mm Durch-, messer. Eine gute Wurzelschweißung ist aus Abb. 65 und die Elektrodenführung aus Abb. 49 ersichtlich.

Abb. 129

Es ist falsch, beim Schweißen eines T-Stoßes, der aus Blechen von beispielsweise 13 mm und 6 mm besteht, die Elektrode unter einem Winkel von 45° (s. Abb. 50) zu halten, da in diesem Falle der Wurzeleinbrand im unteren Blech mangelhaft wird und außerdem im stehenden Blech zumeist eine Randkerbe K entsteht (Abb. 129).

Auf die Gefährlichkeit der Kerbwirkungen wurde schon mehrfach hingewiesen. Durch die Einbrandkerbe erfährt der Blechquerschnitt außerdem eine Schwächung, wodurch die Festigkeit herabgesetzt wird.

Abb. 130

Es ist richtig, beim Verschweißen ungleich starker Bleche den Lichtbogen durch steilere Haltung der Elektrode, etwa unter einem Winkel von 70°, mehr auf das untere Blech zu richten. Das stärkere Blech benötigt zur Erzielung eines guten Einbrandes eben eine größere Wärmezufuhr. Die entlang der Kehlnaht verlaufende Kerbe im schwächeren Blech ist, wie Abb. 130 zeigt, nicht mehr aufgetreten.

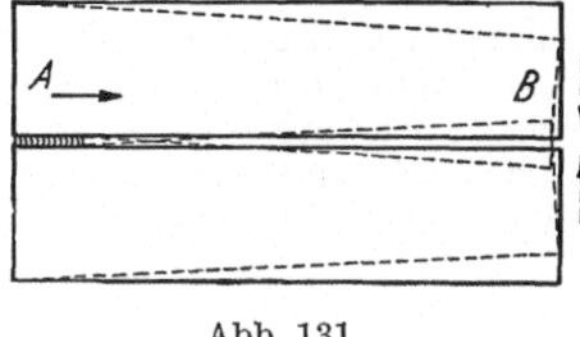

Abb. 131

Es ist falsch, zwei lose gelagerte Bleche durch eine Schweißnaht zu verbinden, wie dies Abb. 131 zeigt. Beginnt man bei A mit der Nachrechtsschweißung, so öffnen sich zunächst die Bleche bei B, um dann nach kurzer Zeit infolge Schrumpfung der Naht sich übereinander zu legen, wie dies die gestrichelten Linien andeuten. Ein Ausrichten der Bleche in die ursprüngliche Lage ist ganz unmöglich, weshalb die Schweiße wieder ausgekreuzt werden muß.

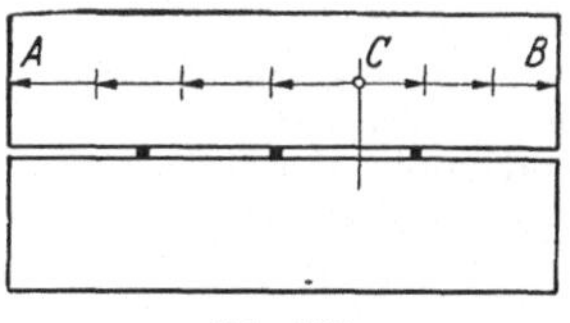

Abb. 132

Es ist richtig, die Schweißung in der nachfolgenden Art (Abb. 132), die wohl zumeist angewendet wird, auszuführen. Der Abstand der beiden Bleche voneinander richtet sich nach der jeweiligen Blechstärke. Nach dem Heften — ungefähr 4 bis 6 kurze Heftnähte auf den laufenden Meter — schweißt man zunächst vom Punkt C in der Richtung nach B und dann erst das zweite Ende von C nach A. Um einer zu hohen Erwärmung — besonders bei schmalen Blechen — vorzubeugen, schweißt man nicht in einem Zuge, sondern in kurzen Abschnitten bei gleichzeitiger Einschaltung richtig bemessener Schweißpausen. Etwa gerissene Heftnähte sind vor dem Durchschweißen der Naht auf jeden Fall zu entfernen.

Der vorstehend angegebene Arbeitsvorgang bezieht sich nicht nur auf die Stumpfschweißung ebener Blechplatten allein, sondern wird auch bei zylindrisch oder kegelig eingerollten Mantelblechen mit dem gleichen Vorteil angewendet.

Um die unvermeidlichen Spannungen, die beim Schweißen langer Stumpfnähte auftreten, auf ein Mindestmaß zu verringern, wird sehr häufig eine zweite Art der abschnittweisen Schweißung angewendet, die in Abb. 133 dargestellt ist (Schweißen im Pilgerschritt). Zunächst werden die beiden Bleche wieder kurz geheftet. Sodann beginnt man mit dem Schweißen bei 1 in der Richtung nach B. Hierauf wird von 2 bis an den ersten Nahtabschnitt geschweißt, dann von 3 gegen 2 und so fort, bis die ganze Nahtlänge fertiggestellt ist. Der letzte Abschnitt von 6 nach 5 kann auch von innen nach außen, d. h. von 5 nach 6, geschweißt werden.

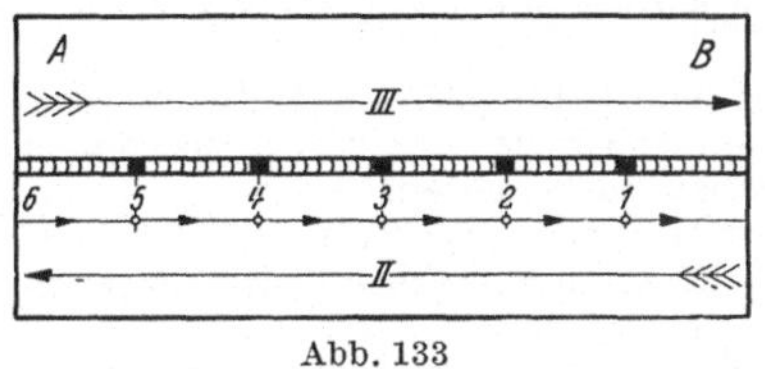

Abb. 133

Die Länge der einzelnen Schweißabschnitte ist der jeweiligen Blechstärke anzupassen. Beispielsweise wählt man bei 12 mm starken Blechen die einzelnen Abschnitte erfahrungsgemäß 120 bis 180 mm lang.

Kommt eine Mehrlagenschweißung in Betracht, was bei Blechen von 6 mm Stärke aufwärts der Fall ist, so wird die zweite Lage in einem Zuge als durchlaufende Naht, und zwar von B nach A (Pfeilrichtung II) geschweißt. Falls noch eine dritte Lage geschweißt werden soll, beginnt man mit dieser bei A und schweißt durchlaufend nach B (Pfeilrichtung III).

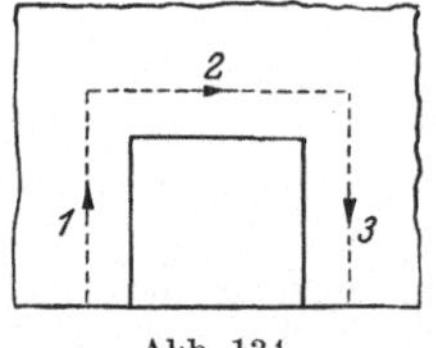

Abb. 134

Es ist falsch, bei einem auf drei Seiten einzuschweißenden Flicken (Abb. 134) bei *1* zu beginnen und die Schweißung über *2* nach *3* in einem Zuge, oder auch in abschnittweiser Schweißung fortzusetzen, weil in diesem Falle die Arbeit zu einem Mißerfolge führt.

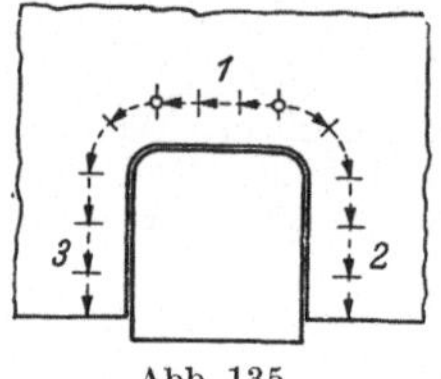

Abb. 135

Es ist richtig, zunächst die scharfen Ecken stark abzurunden und den Flicken gut einzupassen, also ohne Spalt in der Wurzel (Abb. 135). Zum vollständigen Durchschweißen der Nahtwurzel wählt man eine höhere Stromstärke.

Mit Rücksicht auf die Schrumpfung muß der Flicken auf der freien Seite über das Blech vorstehen. Nach leichtem Heften an allen drei Seiten ist die Naht zunächst in der Richtung *1* zu schweißen, und zwar in der angegebenen Reihenfolge, erst dann folgen die Nähte in den Richtungen *2* und *3*. Damit der Flicken sich nicht allzu stark erwärmt, ist die Schweißung nicht in einem Zuge, sondern in kurzen Abschnitten unter Einschaltung richtig bemessener Schweißpausen durchzuführen. Bei Mehrlagenschweißung ist es manchmal zweckmäßig, die Grundraupe wegen der Gefahr des Aufreißens nicht länger als höchstens 100 mm zu legen und sodann die Schweißfuge im ganzen Querschnitt voll auszufüllen, ehe die Grundraupe weitergeschweißt wird. Gerissene Heftnähte sind vor dem Durchschweißen der Naht zuverläßlich auszukreuzen.

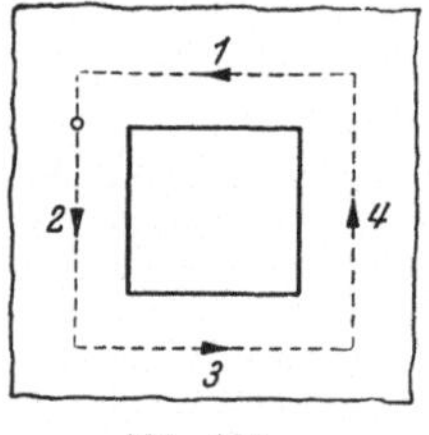

Abb. 136

Es ist falsch, einen allseits geschlossenen Flicken mit scharfen Ecken einzusetzen und in der Reihenfolge einzuschweißen, wie dies nebenstehende Abb. 136 zeigt, weil die Schweißnaht infolge der auftretenden Schrumpfung in den scharfen Ecken unbedingt aufreißen wird.

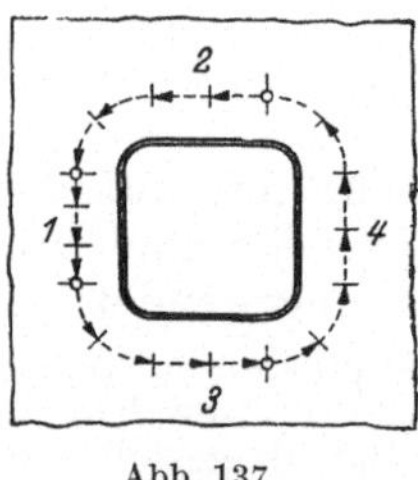

Abb. 137

Es ist richtig, die Ecken gut abzurunden und den Flicken stramm einzupassen (Abb. 137). Außerdem ist es sehr zweckmäßig, den Flicken leicht zu poltern (etwas durchzuwölben), wodurch eine Abschwächung der Schrumpfspannungen ermöglicht wird. Nach Heften des Flickens erfolgt dann das Schweißen in der angegebenen Reihenfolge. In manchen Fällen bohrt man in die Mitte des Flickens ein Loch von hinreichender Größe. Dann kann der Werkstoff des Flickens beim Schweißen, wenn die Naht schrumpft, besser von der Mitte nach außen nachgeben, ohne zu reißen. Das Loch wird nachher durch einen Stopfen oder durch einen Flansch geschlossen.

Die bereits bei der dreiseitigen Schweißung eines Flickens (Abb. 135) angeführten Maßnahmen, wie Schweißen in kurzen Abschnitten, Einschalten von Schweißpausen, Auskreuzen etwa gerissener Heftnähte, sind auch bei dieser Arbeit genau zu beachten.

Unter Berücksichtigung der besonders in den Ecken auftretenden Spannungen ist es sehr vorteilhaft, den Flicken — wenn möglich — entweder in kreisrunder oder elliptischer Form auszuführen.

Die Regel, „je mehr Wärme einem Werkstück zugeführt wird, desto größer werden die Spannungen" (s. Abschn. 12), soll sich der Schweißer bei derartigen Arbeiten stets vor Augen halten. Daher soll er mit dem Schweißen immer dort beginnen, wo das Werkstück nicht zu warm ist.

Unter *Erfahrungen* versteht man praktisch erworbene Kenntnisse. Vielfach werden diese auf Grund von Fehlschlägen gewonnen, weil man lernt, wie eine Sache *nicht* zu machen ist.

Der Schweißer soll sich der Verantwortung, die mit der Ausübung seines Berufes verbunden ist, stets bewußt sein und seine Arbeiten nach reiflicher Überlegung und bestem Wissen und Gewissen ausführen. Die anfangs unvermeidlichen Fehlschläge werden dann zur Quelle seiner Erfahrungen. Er wird auch trachten, vorkommende Fehler ohne wesentlichen Aufwand an Zeit und Werkstoff wieder zu beheben, und so ein erfahrener, guter Schweißer werden.

IV. Schrifttum

Hier wird auf einige Veröffentlichungen hingewiesen, in denen interessierte Leser ausführlichere Angaben über bestimmte Fragen und auch Hinweise auf weitere Quellen finden.

[1] Werkstattbücher, Springer-Verlag, Berlin/Göttingen/Heidelberg: Heft 43, KLOSSE, E.: Das Lichtbogenschweißen, 4. Aufl., 1950. — Heft 45, KELLER, H., u. K. EICKHOFF: Kupfer und Kupferlegierungen, 3. Aufl., 1955. — Heft 53, BÖHLE, F.: Leichtmetalle, 3. Aufl., 1956. — Heft 85, RICKEN, TH.: Das Schweißen der Leichtmetalle, 2. Aufl., 1949. — Heft 111, HERMANN, L.: Härtemessungen in der Werkstatt, 1953.

[2] Schw. u. Schn. Bd. 8 (1956) H. 2, S. 62: Wichtige neuere Veröffentlichungen über die Lichtbogenschweißverfahren (J. RUGE).

[3] VAN DER WILLIGEN, P. C., u. L. F. DEFIZE: Das Lichtbogenschweißen von Stahl mit CO_2 als Schutzgas. Schw. u. Schn. Bd. 9 (1957) H. 2, S. 50.

[4] WOLFF, L.: Die Sigmaschweißung und ihre Anwendung, insbesondere für die Verarbeitung von Stählen. Schw. u. Schn. Bd. 6 (1954) Sonderheft S. 134.

[5] ZEYEN, K. L.: Die Verfahren der Lichtbogenschweißung. Schw. u. Schn. Bd. 5 (1953) H. 1, S. 12.

[6] DE ROP, C., u. H. SCHMIDT-BACH: Die Automatenschweißung mit Netzmantelelektroden. Schw. u. Schn. Bd. 5 (1953) H. 8, S. 315.

[7] MANTEL, W.: Die amerikanische Geräteanwendung beim Schweißen mit verdecktem Lichtbogen und beim Lichtbogenschweißen unter Edelgasschutz. Schw. u. Schn. Bd. 6 (1954) H. 1, S. 37. — RADEKER, W.: Die Anwendung des Schweißens im Behälter- und Rohrleitungsbau und bei der Rohrherstellung. Schw. u. Schn. Bd. 7 (1955), H. 6, S. 257.

[8] NEUMANN, H.: Die Eignung von Wechselstrom für Tiefeinbrandschweißungen. Schw. u. Schn. Bd. 7 (1955) H. 10, S. 415.

[9] Elliratagung Sept. 1956: Vortrag TAJBL über Steuerung der Konturschweißmaschine, Zündvorgänge mit HF-Zündgeräten, Surge-Injektor und Argonarc-Impulsgenerator (Ges. f. Linde's Eismaschinen, Höllriegelskreuth bei München).

[10] MALISIUS, R.: Praktische Maßnahmen gegen Schrumpfwirkungen an Schweißkonstruktionen. Schw. u. Schn. Bd. 7 (1955) H. 4, S. 119. — Im selben Band zum gleichen Thema s. H. 1, S. 7; H. 7, S. 291 (autogenes Entspannen); H. 7, S. 313 u. 316; H. 8, S. 355.

[11] PFLUG, H.: Schweißpositionswinkel und Nahtsteigung. Schw. u. Schn. Bd. 8 (1956) H. 3, S. 86. — Ebenda H. 6, S. 206: Einfluß der Schweißposition.

[12] ZEYEN, K. L.: Neuere Erkenntnisse über den Einfluß des Wasserstoffs bei Schweißungen. Schw. u. Schn. Bd. 7 (1955) H. 5, S. 200 u. H. 7, S. 305. — HUMMITZSCH, W.: Fischaugen in Stahlschweißen. Schw. u. Schn. Bd. 9 (1957), H. 8, S. 386.

[13] KOMERS, M.: Richtige und falsche Durchführung der Lichtbogenschweißung. Schw. u. Schn. Bd. 6 (1954) Sonderheft, S. 79. — ZEYEN, K. L.: Einiges über die Metallurgie neuer Schweißelektroden-Entwicklungen. Beispiele für den erfolgreichen Einsatz der Elektroden. Zukünftige Entwicklung. Schw. u. Schn. Bd. 9 (1957) H. 5, S. 186. — HÜLSEWIG, H.: Wirtschaftlichkeit von Hochleistungselektroden. Schw. u Schn. Bd. 6 (1954) H. 10, S. 400.

[14] KAUHAUSEN, E.: Das Schweißen warmfester Stähle. Fachbuchreihe „Schweißtechnik" Bd. 3, S. 10. Düsseldorf: Verlag DVS; Braunschweig: Vieweg & Sohn, 1955. — RUTTMANN, W. u. K. BAUMANN: Erprobung austenitischer Schweißungen in der 610° C-Dampfanlage. Ebenda S. 16.

[15] ROLL, F.: Das Schweißen von Temperguß. Schw. u. Schn. Bd. 5 (1953) H. 2, S. 70.

[16] DÖRRSCHEIDT, W.: Neue Vorschriften und Richtlinien für die Schweißung von Dampfkesseln und Druckbehältern. Schw. u. Schn. Bd. 5 (1953) H. 5, S. 173. — Werkstoff- und Bauvorschriften für Dampfkessel. Herausgegeben von der Vereinigung der Technischen Überwachungsvereine (TÜV), Ausgabe 1955. Köln/Berlin: Carl Heymanns Verlag und Beuth-Vertrieb.

[17] HUMMITZSCH, W.: Leistungssteigerung durch Auftragschweißen. „Schweißtechnik" Bd. 3, S. 31. Verlag s. [14].

[18] Schw. u. Schn. Bd. 6 (1954) H. 3, S. 115/116: Auftragschweißung. Sonstiges.

[19] HÖLL, H.: Die Instandsetzung gußeiserner Werkstücke durch Schweißen. Schw. u. Schn. Bd. 5 (1953) H. 10, S. 368; H. 12, S. 480; Bd. 8 (1956) H. 3, S. 100. — NEUMANN, H.: Instandsetzen und Ausbessern von Werkstücken und Maschinenteilen durch Schweißen. Schw. u. Schn. Bd. 9 (1957) H. 4, S. 138 u. H. 5, S. 194.

[20] GENGENBACH, O.: Die Anwendung der Schweißtechnik im modernen Kraftfahrzeugbau. Schw. u. Schn. Bd. 7 (1955) H. 6, S. 251.

[21] WERNICKE, H. J.: Neue Verfahrensformen des Brennschnittes im Stahl- und Walzwerk. „Schweißtechnik" Bd. 3, S. 80. Verlag s. [14].

[22] WITTING, E.: Argonarc-Brennschneiden von Nichteisenmetallen. Schw. u. Schn. Bd. 9 (1957), H. 8, S. 391.

[23] Schweißen von Kupfer und Kupferlegierungen, 3. Aufl., 1954. Deutsches Kupferinstitut, Berlin-Charlottenburg 2, Schillerstr. 3. — KÖCHER, R.: Die Bedeutung der Schweißtechnik bei der Verarbeitung von Kupfer und Kupferlegierungen. Schw. u. Schn. Bd. 9 (1957) H. 6, S. 299.

[24] Schw. u. Schn. Bd. 6 (1954) H. 3, S. 115: Schweißen von NE-Metallen.

[25] Aluminium-Taschenbuch, 11. Aufl., 1955. Aluminium-Zentrale e. V., Düsseldorf, Jägerhofstr. 26/29. Dort auch Merkblätter über Schweißen.

[26] Magnesium-Taschenbuch, Berlin: VEB Verlag Technik 1954.

WERKSTATTBÜCHER

FÜR BETRIEBSFACHLEUTE, KONSTRUKTEURE UND STUDIERENDE
HERAUSGEGEBEN VON DR.-ING. H. HAAKE, HAMBURG

Jedes Heft 50—70 Seiten stark, mit zahlreichen Abbildungen

Die Werkstattbücher behandeln das Gesamtgebiet der Werkstatttechnik in kurzen selbständigen Einzeldarstellungen: anerkannte Fachleute und tüchtige Praktiker bieten hier das Beste aus ihrem Arbeitsfeld, um ihre Fachgenossen schnell und gründlich in die Betriebspraxis einzuführen.

Die Werkstattbücher stehen wissenschaftlich und betriebstechnisch auf der Höhe, sind dabei aber im besten Sinne gemeinverständlich, so daß alle im Betrieb und auch im Büro Tätigen, vom vorwärtsstrebenden Facharbeiter bis zum leitenden Ingenieur, Nutzen aus ihnen ziehen können. Studenten und auch Technischen Kaufleuten sind sie ein Hilfsmittel, in gedrängter Form einen zuverlässigen Überblick über die Fragen der Praxis zu gewinnen.

Einteilung der bisher erschienenen Hefte nach Fachgebieten

(Fortsetzung 3. Umschlagseite)

(Fortsetzung 4. Umschlagseite)